【写真ものがたり】

昭和の暮らし 1

農村

須藤 功 著

農文協

序

農村 ― 土に生きていたころ

自家用車はもとより、電話もテレビも、冷蔵庫《れいぞうこ》もない生活を考えられますか。無人島の話をするのかな、と思うかもしれませんが、昭和三〇年代の前半までは、都市に住む会社勤《づと》めの家庭でも、そのうちのひとつでも持っているのは本当にまれでした。一部にはガスがはいっていましたが、都市といえども、煮炊《にた》きの燃料《ねんりょう》はたいていの家が薪《まき》か炭《すみ》でした。

農村の人々は先代から受け継《つ》いだ、囲炉裏《いろり》のある草屋根の家に住んでいました。屋敷《やしき》内に井戸《いど》を持っている家もありましたが、多くの家は共同の井戸《いど》からバケツで飲料水を運びました。米作りの機械化の試みは始まっていましたが、普及《ふきゅう》にはほど遠く、馬や牛を使いながら、作業のほとんどは人の手で行ないました。荷を運ぶのは人の背《せ》、肩《かた》などでした。

ここでいう農村とは、漁村、山村とともにひとつの地域《ちいき》の形態《けいたい》をいうもので、行政上《ぎょうせいじょう》の市町村とは別のものです。行政上《ぎょうせいじょう》は都、市、町であっても農村、漁村、山村の形態《けいたい》はありましたし、今もなくなっているわけではありません。

農村は農業を営《いとな》む人々が住む村をいいます。都市や町の人々に供給《きょうきゅう》できるほどの、たくさんの米や野菜などを作るのが農業です。海辺に住んで漁業によって生活している人の住む村を漁村といいます。農村と漁村は生業、すなわち農と漁という仕事による区分です。ところが山村の場合は、山が仕事を意味しているわけではなく、山の中にある村ということです。この山村については次の巻《かん》で一冊《さつ》にまとめますが、急傾斜《けいしゃ》の山腹《さんぷく》にへばりつくように家が点在《てんざい》する山村もあれば、この先にはたして家があるのだろうか、と思うような山の上に広々とした田のつづく山村もあります。単にあるなしでいうなら、海辺の村にも田や畑があります。自分たちで食べるものは自分たちで作るということから田をひらき、畑を耕《たがや》してきたのです。みなさんのおじいさんやおばあさんが若《わか》かったころには、農業による自給の国を目指していたので、多くの人が土を耕《たがや》していました。生活は土によって支《ささ》えられていたのです。それが工業立国をかかげた昭和三〇年代の後半あたりから変わり始めます。

どのように何が変わったのか、それには変わる前の生活を知らなければなりません。この本はそれを写真で示《しめ》するものです。といって何もかも示《しめ》すことができるわけではありません。生活の変化にともなって、人々の心がどのように変わったのかということなどは、写真で示《しめ》すのは難《むずか》しいことです。この心の変化には変わった部分もあれば、今もなお昔からのものを持ちつづけているものもあります。

ひとつの例ですが、年賀状《ねんがじょう》によく「初春を賀《が》す」とか「頌春《しょうしゅん》」とか書きます。立春は元旦《がんたん》のまだ一ヵ月も先なのに、どうして「春」なのだろう、と思いませんか。

今わたくしたちの生活に密着《みっちゃく》している暦《こよみ》は太陽暦《たいようれき》といい、明治五年（一八七二）一二月から使われるようになりました。それまで使っていたのは太陰太陽暦《たいいんたいようれき》で、太陽暦《たいようれき》を新暦《しんれき》、太陰太陽暦《たいいんたいようれき》を旧暦《きゅうれき》と呼《よ》ぶようになります。新暦《しんれき》は太陽の運行から割《わ》り出《だ》した暦《こよみ》で世界の多くの国で使われていました。日本が採用《さいよう》したのも、西欧《せいおう》の文化と肩《かた》を並《なら》べようとした明治政府《せいふ》の施策《しさく》のひとつでした。それ以前の旧暦《きゅうれき》は月の運行から割《わ》り出《だ》した月日に、太陽の動きによる二十四節気《せっき》を合わせたものです。

これら二つの暦《こよみ》の詳《くわ》しい説明は省きますが、旧暦《きゅうれき》では正月前に立春《りっしゅん》が来るのはめずらしいことではありませんでした。俳句《はいく》の冬の季語にある「年内立春《りっしゅん》」や「冬の春」がそれを物語っています。俳人《はいじん》の一茶は「年の内に春は来にけりいらぬ世話」とうたい、蝶夢《ちょうむ》は「おしかけて来る春せわし煤《すす》の中」と詠《よ》んでいます。暮《く》れのすす掃《は》きのときにすでに立春が来ているのですから、新年はまさに「初春《はつはる》」であり「頌春《しょうしゅん》」だったのです。それを捨《す》て切れないでいるのです。「春」という言葉に希望を抱《だ》かせる響《ひび》きがあるからでしょう。

忘《わす》れられつつあるのは、正月はなぜめでたいのか、ということです。

現在《げんざい》、わたくしたちの年齢《ねんれい》は誕生日《たんじょうび》ごとに年齢《ねんれい》がひとつ増《ふ》えます。満年齢《まんねんれい》といい、法律《ほうりつ》によってこの数え方になったのは昭和二五年（一九五〇）の元旦《がんたん》からです。それまでは数《かぞ》え年《どし》といって、元旦《がんたん》に日本人のだれもがひとつ年齢《ねんれい》を重ねました。満年齢《まんねんれい》では生まれた赤ちゃんは〇歳《さい》としますが、数《かぞ》え年《どし》では一歳《さい》と数えました。ですから一二月二四日に生まれ赤ちゃんは、一週間後の元旦《がんたん》には二歳《さい》になりました。

この元旦《がんたん》にみんなが一緒《いっしょ》に年齢《ねんれい》を重ねるということが、新しい年を迎《むか》えるめでたさに重なっていました。前年を病気もせずに無事に過《す》ごし、家族そろって元旦《がんたん》を迎《むか》えることのできるめでたさです。

正月には「歯固《はがた》め」といってカチグリを食べます。干《ほ》して固くなった栗《くり》で、これを食べられるのは歯が丈夫《じょうぶ》で健康な証《あかし》でもあるのですが、実は「歯固《はがた》め」の歯は年齢《ねんれい》の「齢《よわい》」のことで、新しい年も自分の年齢《ねんれい》をしっかり固め、健康で送ろうということでした。

わたくしたちの生活はこの四〇余年《よねん》の間に大きく変わりました。それによってもたらされた豊《ゆた》かさがあるのはたしかです。一方に失ったものも少なくありません。それらを本書を参考に探《さぐ》っていただけたらと思います。

須藤　功

もくじ

カルタ　撮影・熊谷元一

一服《いっぷく》　撮影・佐藤久太郎

餅花《もちばな》　撮影・須藤　功

田植え　撮影・佐藤久太郎

第五章　収穫のざわめきを聞く秋 177

稲運び　撮影・加賀谷政雄

〈凡例《はんれい》〉

西暦表記《せいれきひょうき》について

年号の後の（）内には西暦を表記しています。〇〇年代と記しているものでは、西暦を省略しています。

省略した西暦は次のとおりです。

昭和三〇年代（一九五五〜一九六四）
昭和四〇年代（一九六五〜一九七四）
昭和五〇年代（一九七五〜一九八四）

市町村名表記について

写真撮影地等の市町村名の表記は二〇〇四年三月一〇日現在のものです。

●レイアウト／須藤　功　●ＤＴＰ製作・校正／森本真由美

第一章

草屋根の家に暮らす

かや屋根のふき替《か》え作業。仕上げの段階《だんかい》でコテという道具を使って、かやを押さながらそろえている。新潟県松之山町黒倉。昭和52年（1977）4月　撮影・小見重義

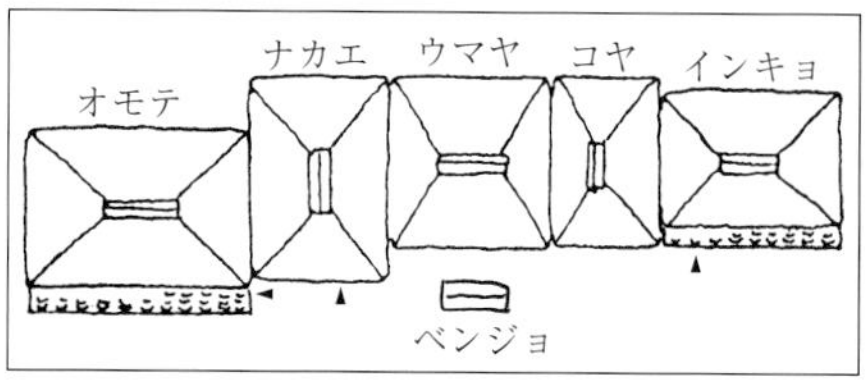

家屋の名称

風土が生んだ家屋《かおく》

町といわず、昔の住まいに多かったのは草屋根の家屋《かおく》です。それがいつまでも残っていたのは農村で、その家屋《かおく》は、昭和四〇年代あたりまでは列車の窓《まど》からも見ることができました。さして大きくない家屋《かおく》もあれば、思わずふり返るような大きな草屋根の家《か》屋《おく》もありました。地域によって草屋根の形が違《ちが》っていましたが、それがその土地の風景によく合っていました。

草屋根は、かや、麦わら、稲《いな》わらなどでふいた屋根をいいます。

ひとつづきの家

山すそに建てられた草屋根の家屋《かおく》が五棟《むね》、それぞれに別の家族が住んでいると思うでしょう。ところがこれは一家族のものです。五つの家屋《かおく》はそれぞれに使い方が違《ちが》いますが、内部はつづいていて、雨の日も濡《ぬ》れることなく端《はし》の家屋《かおく》まで行くことができます。

南九州には四棟《むね》つづき、三棟《むね》つづきの家屋《かおく》もありました。初め二棟《むね》だったものに、必要に応《おう》じて建て並《なら》べたのかもしれません。家族が寝起《ねお》きする家屋《かおく》とかまどのある家屋《かおく》が別になった二棟造《むねづく》りは、沖縄《おきなわ》の島々にも本州の中部地方にも見られました。煮炊《にた》きする台所を神聖視《しんせいし》していたのでしょう。

鹿児島県北西部、紫尾山《しびさん》につづく山すその村の五連家《これんか》。建ててから100年は越《こ》えているという。右上図のカタカナは土地の呼《よ》び名で、左から、家族が生活するオモテ、土間と台所のあるナカエ、少し前まで馬を飼《か》っていたウマヤ、コヤは堆肥《たいひ》小屋、右端《みぎはし》は長男が結婚《けっこん》すると父母が移《うつ》り住《す》むインキョ。鹿児島県 宮之城町折小野。昭和30年代　撮影・小野重朗

かやがなかったわけではないが、秩父地方ではいつも食べていた麦のわらで屋根をふいた。地名が薄《すすき》のこの集落の屋根も麦わらぶきである。麦わらは腐《くさ》りやすいうえに火がつきやすい。一軒《いっけん》が火事を起こしたあと、この集落のほとんどの家がトタン屋根にふき替《か》えた。埼玉県両神村薄　昭和30年代　撮影・出浦 欣一

屋根の形を作った蚕《かいこ》

かや屋根ははたくさんのかやを使います。かや屋根をふくにはかやが育つ山と、そのかやを刈《か》る人手がなければできません。

かや屋根は大変丈夫《じょうぶ》で、地域《ちいき》によって二〇年もつとも、三〇年もつともいいます。でもかやがよく生える山がなければ、どうにもなりません。

一方、身近にある麦わらや稲《いな》わらでふいたところもあります。かや屋根に見える上の写真の屋根は、実は麦わらでふいた屋根です。麦をよく食べていた埼玉県の秩父地方では、そのわらを屋根に生かしたのです。しかし麦わらは腐《くさ》りやすいので四年から五年ぐらいの間隔《かんかく》で屋根の三分の一を取《と》り替《か》えるというように、こまめに手入れをしなければなりません。

こうした草屋根にはいくつかの形があります。草屋根の家屋《かおく》には囲炉裏《いろり》があって、その煙《けむり》出しが形の特徴《とくちょう》を作っていました。

左上は群馬県《ぐんまけん》の赤城山麓《あかぎさんろく》に多かった赤城《あかぎ》型、下は山形県朝日村の田麦俣《たむぎまた》などに見られたかぶと造《づく》りです。いずれも蚕《かいこ》を飼《か》っていた家です。

赤城《あかぎ》型は屋根の南面の真ん中の一部を切り落とし、そこに障子窓《しょうじまど》を入れてありますが、ささやかに養蚕《ようさん》を始めたころにはこの窓《まど》はありませんでした。しかし養蚕《ようさん》の規模《きぼ》が大きくなるにつれて、物置にしていた天井裏《てんじょううら》にも蚕棚《かいこだな》をおくようになります。天井裏《てんじょううら》は昼なお暗く、手元さえわからないほどです。それでは蚕《かいこ》の世話ができません。そこで屋根の一部を切って明かり窓《まど》にしたのです。

形がかぶとに似《に》ているかぶと造《づく》りも、やはり養蚕《ようさん》のために工夫し、蚕室《さんしつ》に明かりを取り入れるようにしたものです。

群馬県の赤城山《あかぎさん》のふもとに見られた、屋根の一部に窓《まど》を設《もう》けた赤城型《あかぎがた》の農家。養蚕《ようさん》が家の形を変えた典型的《てんけいてき》な例である。群馬県富士見村。昭和48年（1973）3月　撮影・須藤　功

雪が多く土地が狭《せま》いため、内部が二、三階になっている山形県内陸部のかぶと造《づく》りの農家。その階を蚕室《さんしつ》として四方に明かりとりをかねた通風穴《あな》を設《もう》けた。棟《むね》と呼《よ》ぶ上部を押《お》さえる棟木《むなぎ》も他の地域《ちいき》とくらべて数が多い。家の前の苗代《なわしろ》田のあぜには大豆が植えてある。山形県朝日村田麦俣。昭和52年（1977）　撮影・米山孝志

家族と一緒《いっしょ》に牛や馬も住むように造《つく》られた岩手県の曲屋。この農家は民俗学《みんぞくがく》の原点といわれる『遠野物語』の話を＊柳田國男《やなぎだくにお》に語った佐々木喜善《ささききぜん》が住んでいた家である。岩手県遠野市土淵。昭和42年（1967）5月　撮影・須藤　功　＊日本の民俗学《みんぞくがく》を開いた人。

牛馬を大切にした曲屋《まがりや》

上の写真は岩手県に多かった曲屋《まがりや》です。同じような造《つく》りの家屋《かおく》はほかの地方にもなかったわけではありませんが、この曲屋は特に牛や馬を大切にする造《つく》りになっていました。牛や馬を飼《か》うことになってから土間に牛屋や馬屋を設《もう》けたものではなく、初めから、家族と同じ屋根の下に牛や馬が住めるように造《つく》られたのです。囲炉裏《いろり》やかまどの火から発する暖《あたた》かな空気が、馬の体をつつんで外へ流れ出るようになっていました。

南部と呼《よ》ばれた岩手県は牛や馬の産地で、県外に売られていくとともに、農家では働らく家畜《かちく》としてなくてはなりませんでした。田起こしや代かき、畑の耕起などの農作業を牛や馬で行なうと、人の力だけより何十倍も早く楽にできました。また牛馬の糞《ふん》や牛屋や馬屋に敷《し》いたわらは、田畑の肥料《ひりょう》やよい堆肥《たいひ》になりました。

写真の遠野《とおの》地方では主に馬でしたが、写真を撮《と》ったとき、この曲屋ではもう飼《か》っていませんでした。でも堆肥《たいひ》は作っていました。前のわら囲いは煙草《たばこ》の苗《なえ》を育てる温床《おんしょう》で、そこにその堆肥《たいひ》を入れていました。写真の左下は苗代《なわしろ》で苗《なえ》が伸《の》び始《はじ》めています。曲屋の屋根のなかほどが少し盛《も》り上《あ》がっているのは煙《けむり》出しです。

左の写真は、秋田県南部の山内村の家並《やな》みの移《うつ》り変《か》わりです。一六年の歳月《さいげつ》をおいて、それでも一軒《いっけん》だけ草屋根が残っていました。新しくなった家とともに、生活でも変わったものがいくつもあります。たとえば田畑へ行くのは自転車でしたが、それが自動車なりました。下の写真の草屋根の家の前がすっきりしているのは、自動車をおくために草木をきりはらったからです。

秋田県南の中心地、横手市に隣接《りんせつ》した農村。酒を造《つく》る杜氏《とうじ》の村として、またおいしい里芋《さといも》の産地として知られる。昭和40年代までは草屋根の農家が村のいたるところにあった。棟《むね》と呼《よ》ぶ屋根の上部を棟木《むなぎ》で押《お》さえた、あまり大きな造《つく》りではない農家が軒《のき》を連ねていた。秋田県山内村。昭和43年（1968）7月　撮影・須藤　功

上の写真の16年後。一軒《いっけん》を残して新しい家になっていた。雨が降《ふ》っても草屋根は静かだが、トタン屋根は跳《は》ねかえる音がときにはけたたましい。行き交《か》う自動車もまた静かな村を変えていた。昭和59年（1984）5月　撮影・須藤　功

チセと呼《よ》ぶアイヌの家には大きい造《つく》りと、それよりは少し小さい、ポンチセという小さな造《つく》りの家は、地上で屋根を組んで柱にのせる。北海道苫小牧市。昭和47年(1972)4月 撮影・須藤 功

地上で組み、かやをつけたポンチセの屋根を四すみの柱にのせる。第一段階《だんかい》で右の柱の奥《おく》に見えるうすまで上げ、それから大勢《おおぜい》が力を合わせて一気に持ち上げる。北海道苫小牧市。昭和47年（1972）4月　撮影・須藤　功

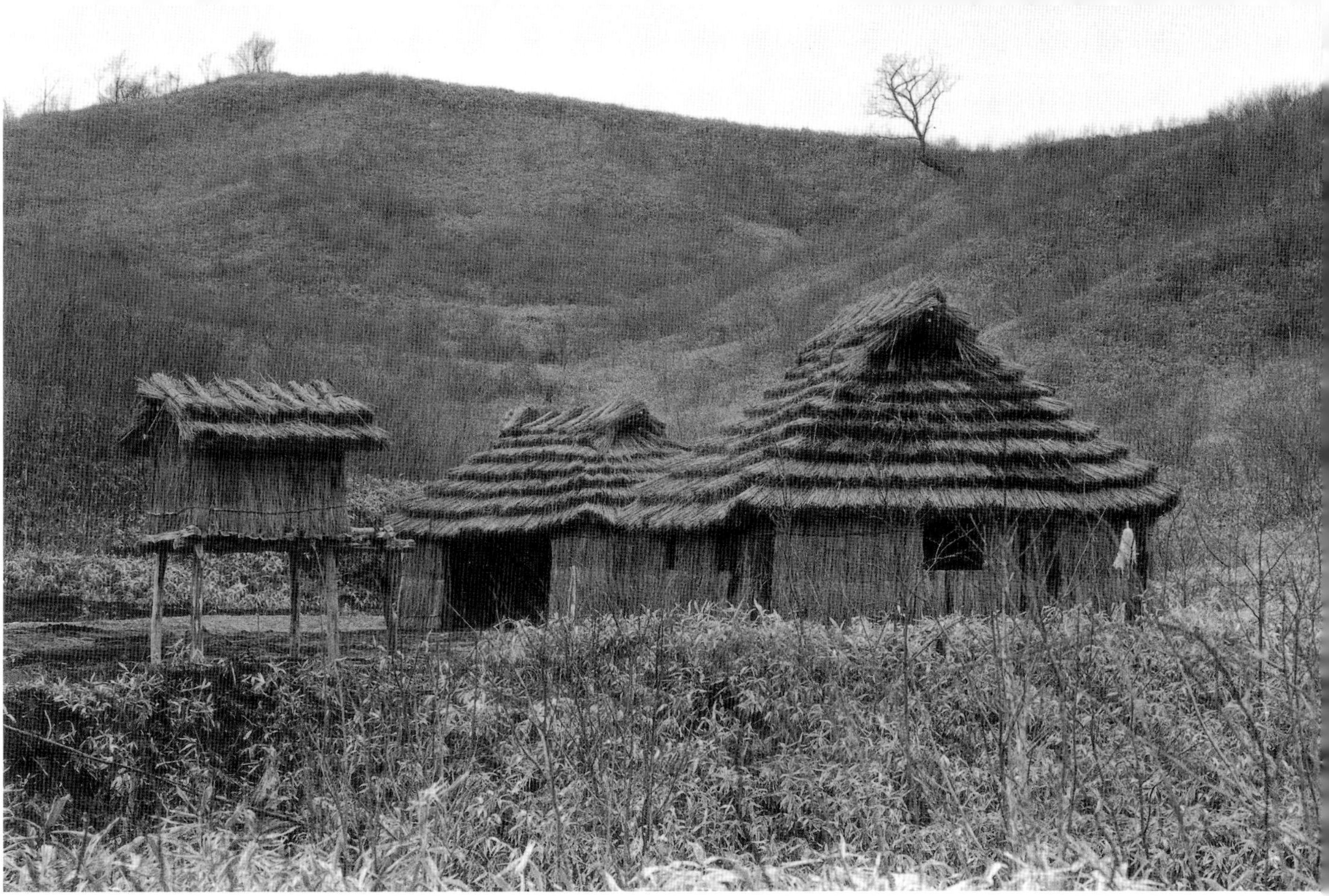

レジャーランドの一角に復元《ふくげん》されたアイヌチセ。屋根のかやを重ねてふくのが特徴《とくちょう》。冬はかや壁《かべ》に雪を密着《みっちゃく》させて囲み、寒さを防《ふせ》いだという。この場所はそばに水場もあって、アイヌの昔話に出てくるようなチセを建てる条件《じょうけん》に適《てき》した場所だった。北海道苫小牧市。昭和47年（1972）4月　撮影・須藤　功

アイヌの家造《づく》りの知恵《ちえ》

アイヌは人間、モシリは国土という意味で、昔は北海道のほとんどがアイヌモシリでした。その住む家をチセといい、三間（約五・四メートル）×四間（約七・二メートル）のポロチセ（大きな家）と、二間（約三・六メートル）×三間のポンチセ（小さな家）が基本《きほん》形で、どちらも部屋はひとつだけ、屋根も壁《かべ》もかやでふきました。上の写真の右がポロチセ、左がポンチセ、左の足高の建物は食物を蓄《たくわ》えておくプ（高倉）です。ポロチセの右の白いものが立つところはカムイ（神）をまつるヌササン（祭壇《さいだん》）です。

チセは部屋の中央に囲炉裏《いろり》が切ってあり、なべなどをつるした自在《じざい》かぎの上に火棚《ひだな》があります。窓《まど》は南側にふたつ、東側にひとつあって、東側の窓《まど》を「神座《かみざ》の窓《まど》」と呼《よ》びました。その窓《まど》の向こうにヌササンが見えるようになっているからです。便所は外にあって、男用は角型、女用は円錐《えんすい》形の造《つく》りです。チセは一世帯一戸がきまりで、結婚《けっこん》がきまるとみんなが協力して新しいチセを建ててやりました。

チセを建てるとき、ポロチセは柱の上で屋根を組みましたが、ポンチセはチセプニ（家起こし）といって地上で屋根を組立ててから（右上）それを柱にのせました（右下）。穴《あな》にさしこんだ柱はおよそ二メートル、Y字型に削《けず》ってある上部に、組んだ屋根を大勢《おおぜい》で持ち上げてのせます。第一段階《だんかい》でまず用意したうすの上におき、第二段階《だんかい》で片側《かたがわ》ずつ上まで持ち上げるのです。釘《くぎ》は一切使わず、しなの木の樹皮《じゅひ》でなった縄《なわ》で要所をしばります。

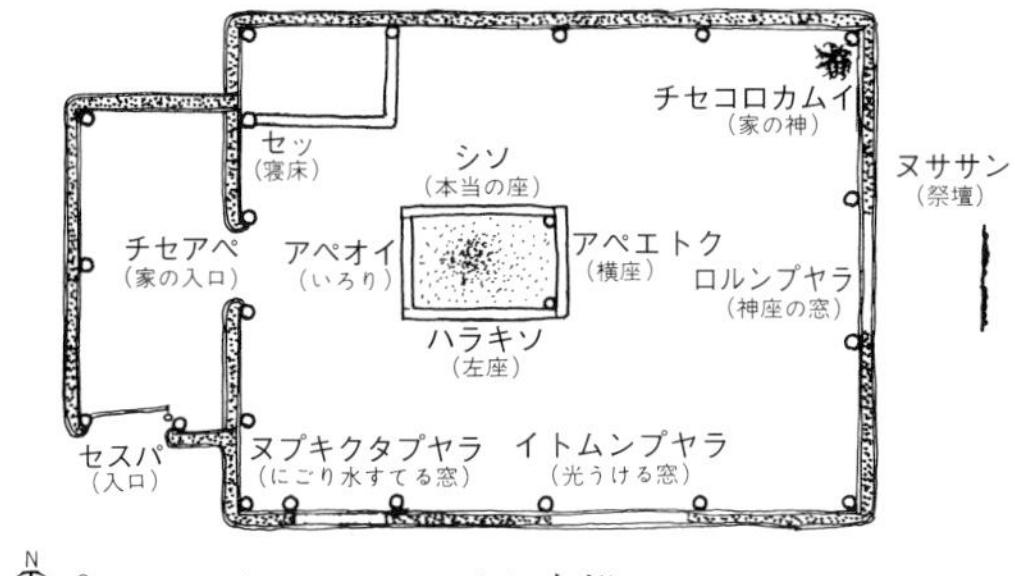

チセ内部

屋根に使うかやを刈《か》りに来た「かやむじん」の仲間。このころ集落のかや屋根の農家は13戸、「かやむじん」の仲間も13戸だったが、各家から2、3人ずつ出て大勢《おおぜい》になった。こうして出ると、自分の家の屋根替《が》えにもみんな気持ちよく協力してもらうことができた。長野県富士見町広原。昭和33年（1958）11月　撮影・武藤　盈

農村や山村には入会地《いりあいち》といって、集落に住む人ならそこでまきをきり、肥料《ひりょう》や牛馬の餌《えさ》にする草を刈《か》ることのできる山地があった。集落のほとんどがかや屋根だったころには、そのかやを育てる「かや刈場《かりば》」も入会地《いりあいち》にあった。かや屋根の戸数が減《へ》ってもかや刈場《かりば》はそのままにされ、一戸になるまでかやを刈《か》ることができた。長野県富士見町広原。昭和34年（1959）10月　撮影・武藤　盈

みんなで刈《か》ったかや

屋根ふきに使う「かや」は、チガヤ、スゲ、ススキの柔《やわ》らかいくきの総称《そうしょう》です。屋根に一番よく使うススキは、秋の名月にお団子《だんご》と一緒《いっしょ》にかざるあのススキです。

屋根ふきにはこのかやをたくさん使う、といわれてもその量を想像《そうぞう》することはできないでしょう。実は量の計り方や単位は地域《ちいき》によって違《ちが》い、共通したものはないのです。

根元の方の直径が一センチメートルほどのかやは、穂先《ほさき》を切りそろえないまま使うので、長さは一様ではありませんが、だいたい二メートル前後あります。長野県の諏訪《すわ》地方では、そのかやを二間（約三・六メートル）のわら縄《なわ》でしばったものを一しめといいました。中ぐらいの屋根には三〇〇しめぐらい、これは古いかやを一部に再《さい》利用した上での量です。束ねた一しめは直径一メートルぐらいになるので、横に並《なら》べると三〇〇メートルほどにもなります。屋根一坪《つぼ》（約三・三平方メートル）あたり二しめ半ぐらい使いました。

これだけのかやを一軒《けん》で用意するのは大変です。そこで「かやむじん」と呼《よ》ぶ助け合いの仲間を作り、みんなでかやを刈《か》って、一年に一軒《けん》ずつ屋根のふき替《か》えをしました。

右の写真はかやを刈《か》るために集まった「かやむじん」の人たち、一軒《けん》から二、三人出ています。上の写真はそのかや刈場《かりば》です。田畑の仕事がひと区切りした晩秋《ばんしゅう》のころ、かやは屋根に使うのにほどよく枯《か》れ、乾燥《かんそう》しています。みんなで二、三日かけて必要な量だけ刈《か》り、荷馬車などで屋根のふき替《か》えをする家に運びました。

かや屋根のふき替《か》えで許《ゆる》されないのは雨もり。「かや手」などと呼《よ》ばれる職人《しょくにん》を頼《たの》むのは、そうした失敗のないようにするためで、特に注意の必要な棟《むね》と呼《よ》ばれる最《さい》上部は、手伝いの人が全員でそろってかやをしばり上げた。新潟県松之山町天水越。昭和54年（1979）4月　撮影・小見重義

力を合わせてふく屋根

かや屋根のふき替《か》えは、半分だけふき替《か》える「かたぶき」と全部をふき替《か》える「まるぶき」があります。写真は「まるぶき」です。左の写真は屋根の一番上の棟《むね》をふく準備《じゅんび》、上はもっとも大事なその棟《むね》の仕上げ作業です。

こうした屋根のふき替《か》えは秋から冬にかけて行ないました。田畑の手が抜《ぬ》ける時期ですが、農家には農作業の準備《じゅんび》があるので、何十日もかけるわけにはいきません。またふき替《か》えには「かや手」などと呼《よ》ぶかやぶきの職人《しょくにん》を頼《たの》みます。長くなるとその賃金《ちんぎん》もかさみます。そこで大勢《おおぜい》の手を借りて、長くても十日くらいで仕上げました。

手助けに来る人は、「かやむじん」の仲間、同じ集落のかや屋根の家に住む人、そうしたこととは無関係に各家からひとりというところもありました。手助けに出ていると、次に自分の家で必要になったとき、手助けにきてもらうことができました。

昔は新しい家を建てるときもこの方式でした。大工に協力して大勢《おおぜい》が力を合わせると、かなり大きな家でも建てることができました。

一度に屋根の全部を取《と》り替《か》える「まるぶき」。母屋《おもや》のほうはほぼふき終わり、最上部の棟《むね》の部分を丹念《たんねん》に調製《ちょうせい》している。屋根に残る横棒《よこぼう》は滑《すべ》り止《ど》めで、上から仕上げをしながら順にとりはずす。左下に人がひとりが立つのは足場で、かやをいったんここまであげて、必要に応《おう》じてさらに屋根に縄で引きあげる。新潟県松之山町天水越。昭和54年（1979）4月　撮影・小見重義

屋敷《やしき》林の樹高《じゅこう》が高く密生《みっせい》していることから、何代かつづいた家の屋敷《やしき》と思われる。またその屋敷《やしき》林がつづいていること、家屋《かおく》の造《つく》りや屋敷割《やしきわり》がほぼ同じであること、境目《さかいめ》の樹木《じゅもく》の一部が途《と》切《ぎ》れていて、そこから隣《となり》に行き来できるらしいことなどから、二軒《けん》は親戚《しんせき》なのかもしれない。宮城県仙台市付近。昭和30年代　撮影・菊池俊吉

農家の屋敷《やしき》

北側（下方）と西側（右方）に屋敷《やしき》林をめぐらしたなかに、二軒《けん》の農家の屋敷《やしき》があります。屋敷《やしき》や家屋から推測《すいそく》して中の上ぐらいの農家でしょうか。二軒《けん》ともかや屋根のほぼ同じ大きさの家屋《かおく》があり、これが母屋《おもや》です。屋根の一部が白いのは傷《いた》んだところを補修《ほしゅう》したあとです。

馬屋は母屋《おもや》の東、蔵《くら》は北に、そして畑も同じようにありますが、手前の屋敷《やしき》には左の屋敷《やしき》に並《なら》んでいるわら積《づ》みが見《み》あたりません。牛馬のえさや堆肥《たいひ》に使《つか》ったわら積みの向こう、白い長方形の区画は水苗《みずなわ》代《しろ》です。通し苗代《なわしろ》ともいい、よい苗《なえ》を育てるために、苗代《なわしろ》を目のとどく家のそばにおいたのです。

苗代《なわしろ》の上の方とその左に黒っぽく見えるのは麦です。麦は手前の屋敷《やしき》の畑にもあります。田は平野部だけにほぼ同じ四角形です。すでに田起こしを終えて、ところどころに堆肥《たいひ》がおいてあります。

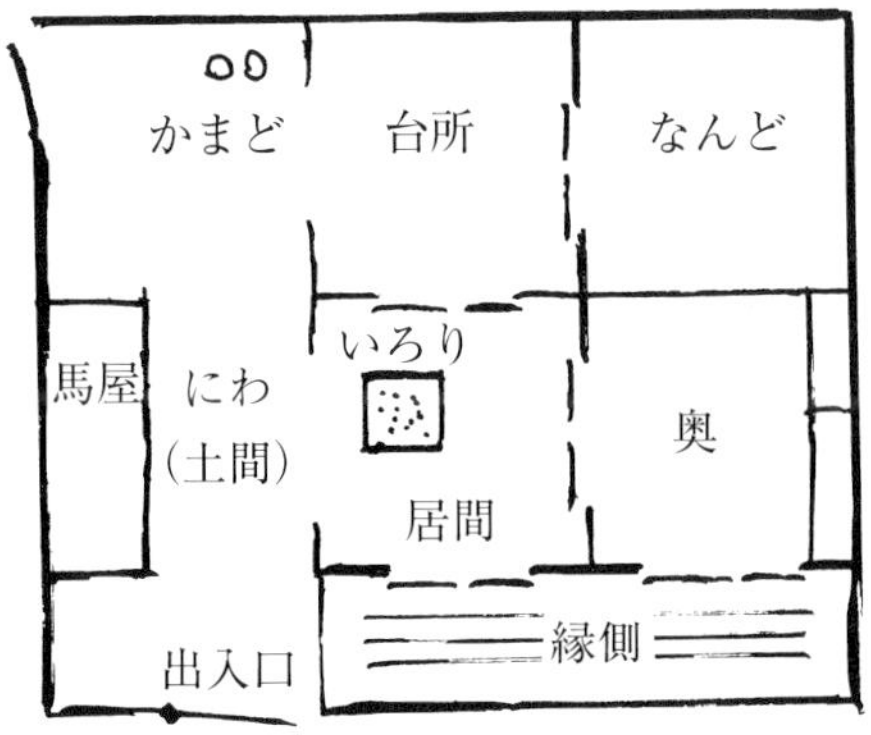

田の字型の間取り

農家の間取り

写真の農家の間取りはわかりませんが、ふすまや障子《しょうじ》などで仕切られる最初の間取りは、上図のような田の字型だったといわれます。ただ部屋の呼《よ》び名《な》は地域《ちいき》によって異《こと》なりますし、最初から別の型だったところもあります。台所などは、初めはかまどと並《なら》んで土間の隅《すみ》にありました。風呂《ふろ》もたいてい土間にあって、簡単《かんたん》に動かすことができたので、夏は星空を仰《あお》ぐ庭風呂《にわぶろ》になりました。

奥《おく》には仏壇《ぶつだん》や神棚《かみだな》がおかれ、客が泊《と》まるときだけ畳《たたみ》を敷《し》きました。普段《ふだん》は奥《おく》も納戸《なんど》も台所も、そして、いつも家族がいる囲炉裏《いろり》のある居間《いま》も板の間で、寒さの厳《きび》しい冬の間だけむしろを敷《し》きました。寝室《しんしつ》となったのは奥《おく》と納戸《なんど》ですが、囲炉裏《いろり》のまわりで背《せ》を囲炉裏《いろり》の方に向けて寝《ね》る家もあったようです。便所は外にあったので、間取りにはありません。

一帯は康平5年（1062）に終わる前九年の役（戦い）の古戦場である。江戸《えど》時代の俳人《はいじん》松尾芭蕉《まつおばしょう》も、この同じ場所から景色を見おろしたかもしれない。芭蕉《ばしょう》は戦《いくさ》と藤原《ふじわら》氏に思いを寄《よ》せた句《く》を詠《よ》んでいるが、一言でも田や家についてふれていてくれたら、その後の移《うつ》り変《か》わりを知る手がりなったであろう。岩手県衣川村　昭和43年（1968）11月　撮影・須藤　功

36年の間に樹木《じゅもく》が伸《の》びて、右の写真と同じ位置から撮《と》ることはできなかった。家の改築《かいちく》は予想していたが、大きな建物は思っていたより増《ふ》えていた。近くを東北自動車道が走っている。岩手県衣川村　平成16年(2004)1月　撮影・須藤　功

衣川《ころもがわ》の集落

岩手県の平泉《ひらいずみ》は千年近く前に、藤原《ふじわら》氏三代によって黄金文化の築《きず》かれたところです。写真はその輝《かがや》きを今に伝える金色堂《こんじきどう》の少し先にある、白山神社の境内《けいだい》から見おろした衣川《ころもがわ》村の稲作《いなさく》地帯です。

手前の杉《すぎ》の木の下を流れるのは北上川にそそぐ衣川です。衣川の流れは、左上部の木が立《た》ち並《なら》ぶ河畔《かはん》林の間を蛇行《だこう》してこの木の下にきています。

その流れが稲《いね》のよくできる耕地《こうち》をつくったのでしょう。はるか向こうまで広がる田に立《た》ち並《なら》ぶのは、刈《か》った稲束《いなたば》を一本のくいに積みかけて干《ほ》す「いなにお」です。豊作《ほうさく》を思わせるこのいなにおの風景は、東北地方のあちこちで見られました（二〇四頁《ページ》）。

青いトタン屋根も見えますが、母屋《おもや》はまだかやぶき屋根のままです。北側と西側を囲う屋敷《やしき》林は、奥羽《おうう》山脈から吹《ふ》きおろす風をさえぎります。

経済《けいざい》成長が農村の景観を大きく変える直前の、衣川村の風景です。

草屋根の家の大きさは「間口《まぐち》」でいい表わされた。間口《まぐち》は家の前面の幅《はば》をいい、写真の農家は「間口《まぐち》14間《けん》（約25メートル）」の、かなり大きい農家である。屋根の下の白壁《しらかべ》の柱と柱の間が1間《けん》なので、写真から容易《ようい》に計ることができる。1間には雨戸《あまど》でも引戸《ひきど》でも2枚《まい》はいっているのは現在《げんざい》の家でも同じである。秋田県横手市大屋。昭和30年（1955）11月　撮影・佐藤久太郎

薄《うす》雪の消えた屋根

大小二つの屋根を見てください。小さい方の屋根には雪が残り、同じ南向きの、大きい母屋の屋根にはほとんどなくなっているのは、どうしてでしょうか。

　これは家族が生活する母屋には囲炉《いろ》裏《り》があるからです。囲炉《いろ》裏《り》の火は夏でも絶《た》やしませんが、寒くなると、勢《いきお》いよく燃《も》やしつづけて部屋を暖《あたた》めます。それは屋根のかやも温めます。そこに日ざしがあたって雪が早く解《と》けるのです。西側に残るのは、日ざしがとどかないうちに冬の陽が沈《しず》むからです。

　かやぶき屋根の農家は夏涼《すず》しく、冬暖《あたた》かいといわれました。それはかやが夏の日ざしをさえぎり、冬は囲炉《いろ》裏《り》の火が暖《あたた》めた空気を包んで外に逃《に》がさないからです。

現在《げんざい》のガス器具は、スイッチひとつで点火する。薪《まき》、炭《すみ》はまず種火《たねび》を起こし、その火を薪《まき》、炭《すみ》に移《うつ》した。おばあさんは火吹竹で燃《も》えやすい桑《くわ》の小枝《こえだ》に火をつけている。小枝《こえだ》の火力が強くなったところで薪《まき》をその上にのせて、火を移《うつ》す。
群馬県新治村。昭和42年（1967）12月　撮影・須藤　功

囲炉裏《いろり》は居間《いま》の真ん中とはかぎらず、土間や居間《いま》の土間近くに作っていた家もあった。田畑の仕事から帰って、靴《くつ》など脱《ぬ》がずに火にあたることができるようにしたものである。囲炉裏《いろり》の大きさも一様ではなく、写真の囲炉裏《いろり》は小さいほうである。大小は家の大きさによるもので、小さな家では小さくても十分、暖《あたた》かだった。埼玉県小鹿野町。昭和30年（1955）12月　撮影・武藤　盈

暖《だん》をとる父と子

新しい家を建てるとき、安心して住めるように、地鎮祭《じちんさい》というのを行ないます。アイヌのチセ（家）造《つく》りにも同じような祭りがあって、まず囲炉裏《いろり》の位置をきめ、火を燃《も》やしてそのまわりで式を行ないます。アイヌは囲炉裏《いろり》を火の神のいる家の中心と考えていました。

草屋根にかならずあった囲炉裏《いろり》のまわりには家族が朝な夕なに集い、食事をしたり一日のできごとを話し合ったり、囲炉裏《いろり》が家の中心だったのはアイヌとはかぎりませんでした。

上の写真のお父さんは、地下足袋《じかたび》をはいたまま囲炉裏《いろり》に手をかざしています。地下足袋《じかたび》は山仕事や畑仕事にはいたゴム底の履物《はきもの》です。ひと休みするときや仕事から帰ってすぐに、このようにそのまま囲炉裏《いろり》にはいるのは、珍《めずら》しいことではありませんでした。

新聞紙をはった壁《かべ》に鉄砲《てっぽう》が立てかけてあるので、お父さんはあるいは狩《か》りに行って来たのかもしれません。写真の秩父《ちちぶ》地方にはいのししや鹿《しか》がたくさんいて、しばしば畑の作物を食《く》い荒《あ》らしたので、狩《か》りは駆除《くじょ》をかねて行なわれました。二人の男の子は同じように手をかざしながら、お父さんにこの日の狩《か》りの様子を聞いているのかもしれません。

燃《も》える火の真上に、湯を沸かす鉄びんが自在《じざい》かぎに掛《か》けてあります。天井《てんじょう》から吊《つる》し下《さ》げる自在《じざい》かぎは囲炉裏《いろり》とは対のもので、鉄びんだけではなく、なべを掛《か》けて煮物《にもの》なども作りました。

手前のくねくねと曲げてくしにさしたものは毒蛇《どくへび》のマムシです。こうして焼いて食べるのですこれを食べると元気が出るといいます。

囲炉裏《いろり》で焼いた川魚のハヤをわら束に刺《さ》し、囲炉裏《いろり》の上につるしてある。保存《ほぞん》食のひとつで、わら束を「弁慶《べんけい》」といった。源《みなもと》　義経《よしつね》を守って戦った武蔵坊《むさしぼう》弁慶《べんけい》が、体中に矢を射立《いた》てられた姿《すがた》に似《に》ていることから名前がついたといわれる。新潟県松之山町黒倉。昭和53年（1978）5月　撮影・小見重義

三方から太い薪《まき》を入れた囲炉裏《いろり》、長持ちするうえに火の勢《いきお》いも強い。手ぬぐいかぶりのお母さんは、自在《じざい》かぎにつるしたなべのコンニャクをかき混《ま》ぜている。家にだれもいない間も、火を弱くして大きななべをかけ、牛や馬の餌《えさ》を煮《に》ることもあった。新潟県松之山町黒倉。昭和50年（1975）12月　撮影・小見重義

こびりつく「すす」

囲炉裏《いろり》などで薪《まき》を燃やすと出る煙《けむり》には、目に見えない小さな黒い粒《つぶ》がたくさんふくまれています。その粒《つぶ》は立ち昇《のぼ》る煙《けむり》によって、天井《てんじょう》や柱の上などにこびりつきます。小さな粒《つぶ》でも重なると大きくなります。それがすすです。

すすは鉄びんやなべの底にもつきました。うっかりすすにさわったり、着物などにつけると洗《あら》ってもなかなか落ちません。やっかいものですが、屋根のかやに付着《ふちゃく》したすすは、防腐剤《ぼうふざい》のような役目をはたしました。

右の写真はすすがこびりついた天井裏《てんじょううら》の柱です。白くなっているのはすすにゴミがついたものです。大掃除《おおそうじ》でもこのあたりまでは手をかけないので、草屋根の家を壊《こわ》すとき、このすすはところかまわず飛び散りました。

よく乾燥《かんそう》していないと薪《まき》はくすぶって立ち昇《のぼ》る煙《けむり》が多くなる。すすも早くたまる。福島県下郷町大内。昭和44年（1969）8月　撮影・須藤　功

囲炉裏《いろり》につきものの道具に、火箸《ひばし》、灰《はい》ならし、五徳《ごとく》などがあった。五徳《ごとく》はやかんなどのせる輪形、鉄製《てっせい》の台で三脚《きゃく》と四脚《きゃく》があった。もちをのせて焼いている鉄製《てっせい》の台は、単に台といい、五徳《ごとく》とはいわなかった。松之山町では正月とはかぎらず、よくもちを焼いて食べたという。新潟県松之山町黒倉。昭和54年（1979）2月　撮影・小見重義

家族のいる部屋

小さな家もありましたが、草屋根の農家は大きい造《つく》りが少なくありませんでした。結婚式《けっこんしき》も葬式《そうしき》も、ところによっては祭りも家で行なったので、それなりの大きさと部屋が必要だったのです。でもいつも全部を使っていたわけではなく、日々の生活で主に家族がいたのは囲炉裏《いろり》のまわりです。台所は母と女たちの、土間はわら細工《ざいく》などの仕事場でした。

囲炉裏《いろり》を囲む一家

囲炉裏《いろり》のまわりに十人の家族がいる左の写真、なにやらホッとした様子が感じられませんか。この日、暮《く》れの大掃除《おおそうじ》をすませ、あと門松の準備《じゅんび》やもちつきをすれば、めでたく正月を迎《むか》えるばかりです。

囲炉裏《いろり》の上の木枠《きわく》を火棚《ひだな》といい、ぬれたわら靴《ぐつ》やみのなどを置いて乾《かわ》かしています。右側の奥《おく》にかまどがおいてあって、この家では、ご飯やみそ汁《しる》などもみなこの囲炉裏《いろり》のそばで煮炊《にた》きしたようです。

壁《かべ》につるし下げてあるのは、「じねんじょ」という自然に育った山芋《やまいも》。凍《こお》ると食べられなくなるため、囲炉裏《いろり》のそばにかけてある。薪割《まきわ》りに使うなた、もの入れに使うわらかごもかけてある。右側に半分だけ見える円形のものは「かんじき」で、深い雪の上を歩くとき靴《くつ》につける。新潟県山古志村梶金。昭和46年（1971）2月　撮影・須藤　功

雪靴《ぐつ》などをのせた火棚《ひだな》の左上にランプがつるしてある。電気はまだはいっていないらしい。囲炉裏《いろり》のまわりには呼称《こしょう》があって、座《すわ》る人もきまっていた。ヨコザはお父さん座《すわ》るところで、写真右の女の子を抱《だ》いて座《すわ》っているところ。茶を入れているお母さんのところはカカザ、菓子《かし》と漬物《つけもの》を置いた手前は客を迎《むか》えるキャクザ、左はキジリといって使用人が座《すわ》った。新潟県六日町欠之上。昭和30年（1955）12月　撮影・中俣正義

大きな囲炉裏《いろり》に自在《じざい》かぎが二つ、右隅《みぎすみ》にまだ新しい七輪《しちりん》がおいてある。火が赤々と燃《も》えて、大きな家を思わせるが、針仕事《はりしごと》の手元を照らすのはランプ、豊《ゆた》かさは感じられないだろう。それは現在《げんざい》の便利な生活用具を頭に置いて見るからで、写真を撮《と》った時代には、町、村を問わずどの家も同じような状態《じょうたい》だった。岩手県山形村来内。昭和32年（1957）5月　撮影・菊池俊吉

今ならわずかな時間の停電《ていでん》でも大問題になるが、昭和30年代以前には、停電《ていでん》がなおってホッとする間もなくまた消えて、いつまでたっても電気がつかないということがよくあった。そのためローソクはいつでも使えるように手のとどくところに置いてあった。懐中電燈《かいちゅうでんとう》は普及《ふきゅう》していなかった。長野県阿智村駒場。昭和25年（1950）　撮影・熊谷元一

ランプとローソク

右の写真のお母さんは、ランプを手元に寄《よ》せて針仕事《はりしごと》をしています。囲炉裏《いろり》の火も赤々と燃《も》えて部屋全体が明るく感じられますが、実はこれは写真が作り出したウソの明るさで、実際《じっさい》はずっと暗く、ランプの影《かげ》になるところは何も見えないほどです。針《はり》を下に落としでもしたら、それこそ見つけるのが大変です。

上の写真の二人はローソクの明かりでマンガを読んでいます。これも写真が作った明るさで、想像《そうぞう》以上に暗いのはたしかです。そのうえ、ローソクの火がゆらゆらと揺《ゆ》れて、明るさがいつも一定ではありません。

たぶん、どうしてこんな不便な明かりでがまんしているの、と思うでしょう。

昭和三〇年代前半ころまでは、まだ電気のはいっていない地域《ちいき》があちこちにありました。特に山村に多かったのですが、電気の届《とど》いている町でも電気の使用には制限《せいげん》があって、電気会社の許可《きょか》を得ないで勝手に部屋に電灯をつけることはできませんでした。さらにしばしば停電があったので、ローソクはいつも用意しておかなければなりませんでした。現在《げんざい》のように電気はどこにでも十分にあって、自由に使えるものではなかったのです。

部屋の明かりの歴史からいうと、ローソクの次にランプですが、農村にはまったく別の、松明《たいまつ》台というのがありました。囲炉裏《いろり》の隅《すみ》においた石や鉄板の上で松明《たいまつ》を燃《も》やして明かりにしたのです。松明《たいまつ》は字のごとく松で、しかも脂《あぶら》の多い松の根を使うので、油煙《ゆえん》が出るばかりでなく、明かりとしてはローソクやランプとはくらべものにならないほど暗いものでした。

歯を黒く塗《ぬ》り染《そ》める風習は古く、もとは公家《こうけ》や武家《ぶけ》だけに見られた。「お歯黒《はぐろ》」は江戸《えど》時代の公家《こうけ》言葉、御所《ごしょ》では「五倍子水《ふしみず》」といった。民間では「つけがね」といい、成女のしるしとして17、8歳《さい》になるとつけたが、のちに結婚《けっこん》するとつけるようになる。明治以後、法令でこの風習は廃止《はいし》されたが、地方には戦後もまだ染《そ》める人がいた。秋田県峰浜村目名潟。昭和34年（1959）　撮影・南　利夫

歯を黒く染《そ》めるときに使った粉末の付子《ふし》は、ヌルデの葉にできる虫こぶを加工したものである。付子《ふし》は五倍子《ごばいし》ともいう。タンニンが含《ふく》まれていて、動物の皮なめし、インキの製造《せいぞう》などにも使った。付子《ふし》は薬局で売っていて、褐色《かっしょく》のかねを練って筆で塗《ぬ》ると歯によくついた。長野県清内路村。昭和27年（1952）　撮影・熊谷元一

つけがねで歯を守る

女の子がふしぎそうな顔で見ている右の写真は、おばあさんが筆で歯を黒く染《そ》めているところです。これを「お歯黒《はぐろ》」とか「つけがね」とかいいました。染《そ》めるとき囲炉裏《いろり》の火で「かね」を温めました。お歯黒《はぐろ》をした口は左の写真のように真っ黒です。かねつけの「かね」は、釘《くぎ》などの鉄片《てっぺん》を茶や酢《す》のなかに浸《ひた》してできる褐色《かっしょく》の液《えき》です。これを付子《ふし》と呼《よ》ばれるもので練って歯につけます。かなり古くからあって、江戸《えど》時代には結婚《けっこん》した女性《じょせい》はかならずお歯黒《はぐろ》にしていました。初めてお歯黒《はぐろ》をするときは、「かねおや」などといって、良家の女性《じょせい》に立ち会ってもらいました。お歯黒《はぐろ》は歯を丈夫《じょうぶ》にしたといわれます。

食事に使う道具類が置いてある。このなかで今もなお使われているのはやかんだろう。あるいはおいしい飯《めし》を炊《た》くために、手前のなべの上にある米あげざるを使っている家はまだあるかもしれない。長野県阿智村駒場。昭和24年（1949）　撮影・熊谷元一

竹と木の手作り手押《ておし》ポンプにも感心するが、これには井戸《いど》を掘《ほ》るという作業がかならずあったはずで、もしこれもお父さんの仕事だっとしたら、すごいことである。掘《ほ》ってもそこからかならず水が出るとはかぎらないからである。長野県阿智村駒場。昭和24年（1949）　撮影・熊谷元一

少し前まで、男は台所にはいるものではないといった。飯《めし》を炊《た》くことやみそ汁《しる》を作ることができなくても、男はそれがあたり前、恥《は》じることではなかった。ただ食事の準備《じゅんび》をするお母さんが使いやすいように、台所を改善《かいぜん》するのはお父さんの仕事だった。腰《こし》を曲げることなく流しを使えるようにしたのも、そのひとつだろう。長野県阿智村駒場。昭和24年（1949）　撮影・熊谷元一

台所は女の部屋

上の写真は農家の台所の流しです。米を研《と》いだり野菜を洗《あら》ったりするところで、当時の農家としてはかなりよい流しです。土間ではなく床板《ゆかいた》になっていること、流しがコンクリート製《せい》であること、それに水がコックをひねると出るようになっているからです。

ただこれは山の水を引いて作った、自家用の水道です。それまでは右手前の石製《せい》のかめに、毎日、外の井戸《いど》から汲《く》んで運び、ためておいて使っていました。モンペという下衣《かい》をつけたお母さんの足もとにあるのは、家畜《かちく》のえさや堆肥《たいひ》にする生ゴミを入れるおけです。

右の上の写真は、戸棚《とだな》をおいた台所の一角です。戸棚《とだな》の一番上にはアルマイトの弁当箱《べんとうばこ》、三番目の棚《たな》には箱《はこ》ぜんが置いてあります。箱《はこ》ぜんは家族一人ひとりにあって、なかに食事に使う茶わん、皿、はしなどが入れてあります。箱《はこ》ぜんのふたは裏返《うらがえ》すと盆《ぼん》になります。食事をしたあと、茶わんなどは自分で洗《あら》って入れます。下段《げだん》に二本のビンの上だけが見えます。左にやかん、手前のまな板には大根がのっています。戸棚《とだな》の右の棚《たな》に、炊《た》いたご飯を入れる大きなおひつが二つ、きっとこの家には大勢《おおぜい》の家族がいるのでしょう。手前の大なべの上に、米あげざるがのせてあります。天井《てんじょう》からつるし下げてあるのは金ざるです。

右下の写真は、井戸水《いどみず》を手押ポンプで汲《く》み上《あ》げているところですが、ポンプ本体は竹、把手《とって》を支《ささ》える柱は木製《もくせい》です。自家用の水道もこのポンプも、お父さんがお母さんを少しでも楽にさせてやろうと、手作りしたのでしょう。

孫をおぶったおばあさんが「つるべ井戸《いど》」の水をくみ、バケツに移《うつ》し入れようとている。共同で使う井戸《いど》だが、おしめが干《ほ》してある。秋田県羽後町貝沢。昭和37年（1962）9月　撮影・佐藤久太郎

U字型の柱を支点《してん》に、長い横木のつりあいを利用して、おけで深い掘井戸《いど》の水を汲《く》みあげる「はねつるべ」。青森県佐井村。昭和44年（1969）3月　撮影・須藤　功

ここでは山から流れてくる水をそのまま飲み水などに使っていた。米研《と》ぎも、空《あ》いているときには洗濯物《せんたくもの》のすすぎもした。雨が降《ふ》ると水は濁《にご》ったが、水がめに入れて澄《す》むのを待って使った。秋田県横手市（旧上野台町）。昭和29年（1954）4月　撮影・須藤　功

水を入れたバケツをてんびん棒《ぼう》で運ぶ女の子、両方のつりひもを握《にぎ》って揺《ゆ》れるのを防《ふせ》いでいるが、これはこれで歩き方に注意しないと水がバケツからこぼれてしまう。右のお母さんは、畑から抜《ぬ》いた大根をリヤカーに積んでいる。これから小川か、ため池で洗《あら》って干《ほ》すのだろう。うしろの小屋は馬屋、その前は積みあげた堆肥《たいひ》。秋田県南外村楢岡。昭和38年（1963）　撮影・大野源二郎

飲み水を運ぶ

家族だけで使う井戸《いど》を持っている家もありましたが、飲み水をはじめとする生活用水は、町でも村でもみんなで使う共同井戸《いど》が普通《ふつう》でした。水道や下水道は大都市でも一部の地域《ちいき》にかぎられ、たいていは共同井戸《いど》でした。

共同井戸《いど》はたいてい「はねつるべ」（右の上右）、「つるべ井戸《いど》」（同左）でした。流水（同下）を生活用水に使っていたところもあります。それぞれ水の汲《く》み上げ方が違《ちが》いますが、共通していたのは、汲《く》んだ水を家まで運ばなくてはならなかったことです。

運ぶ方法には、両手か片手《かたて》にさげて運ぶ、てんびん棒《ぼう》で運ぶ、頭上《ずじょう》に水おけをのせて運ぶ方法などがあります。頭上にのせて運んだのは、主に九州以南の島々の女性《じょせい》です。てんびん棒《ぼう》で運ぶのは、上の写真に見られるように、子どもの仕事のひとつでした。

てんびん棒《ぼう》で水を運ぶとき、気をつけなければならなかったのは歩き方です。木製《もくせい》のてんびん棒《ぼう》は、肩《かた》においたところを支点《してん》にバネのようにしなって上下します。その上下の動きに足の運びを合わせないと、水がバケツから飛び出してしまい、汲《く》んだ水が家につくまでに半分になってしまうのです。

さまざまな生活用具も時代とともに変わりました。昭和三〇年代はその境目《さかいめ》で、水を運ぶ容器《ようき》は水おけ（右下）かバケツがでした。バケツは今は石油から作った合成樹脂製《じゅしせい》がほとんどですが、当時よく使われていたのは、上の写真のてんびん棒《ぼう》の両端《りょうたん》にさげているブリキ製《せい》のバケツです。

かまどの火かげんを見るお母さんの左に火箸《ひばし》と火吹竹がある。立ち昇《のぼ》る煙《けむり》はたき口から逆流《ぎゃくりゅう》したもので、煙突《えんとつ》があるのに逆流《ぎゃくりゅう》するのは、あるいは外は強い風が吹《ふ》いているのかもしれない。羽がまには重い木のふたがしてあるので湯気は出ないが、中央のなべからは噴《ふ》き出《で》ている。手前の壁《かべ》のそばに徳用《とくよう》のマッチ箱がおいてある。長野県阿智村。昭和32年（1957）1月　撮影・熊谷元一

かまどと七輪《しちりん》

かまどは薪《まき》で、七輪《しちりん》は炭などで煮《に》炊《た》きするもので、二つともプロパンガスが普及《ふきゅう》するまで、町、村を問わずどの家庭にもかならずあったものです。

上の写真の左手前にあるのが七輪《しちりん》です。七輪《しちりん》は炭《すみ》のほかに煉炭《れんたん》と呼《よ》ぶ固形燃料《ねんりょう》も使いました。七輪《しちりん》の炭火《すみび》で焼いた魚、特にサンマやうなぎの炭火《すみび》焼きはおいしいといわれます。七輪《しちりん》のうしろの壁《かべ》には、七輪《しちりん》で使う焼魚《やきざかな》用の網《あみ》や団扇《うちわ》などが、かけてあります（次頁《ページ》右の写真）。

土製《つちせい》で円形の七輪《しちりん》の形は製作地が違《ちが》っても変わりませんが、かまどにはさまざまな形や造《つく》りがありました。土間の前庭側にすえた、上の写真のかまどは立派《りっぱ》なレンガ造《づく》りのものです。薪《まき》を燃《も》やすたき口が三つあって、かまやなべをかけるところも三つあります。一番奥《おく》は飯《めし》を炊《た》く羽《は》がま、中央はみそ汁《しる》のなべ、手前は飯炊《めした》き用の羽《は》がまをかけて湯を沸《わ》かしています。沸《わ》いた湯はそばに置いたやかんに移《うつ》して使います。

下駄《げた》をはいたお母さんが、羽《は》がまの火かげんを見ています。たぶん、かまどで飯を上手に炊《た》くときのコツのとおりにしているのでしょう。それは「初めチョロチョロなかパッパ、赤子ないてもふた取るな」というものです。最初はチョロチョロの弱火、次にパッパと火の勢《いきお》いを強め、湯気が出なくなったら、火を落としてしばらく蒸《む》すと、おいしい飯が炊《た》ける、そのためには腹《はら》をすかした子どもが泣いても、蒸《む》し上がるまではふたを取らないように、という意味です。

羽《は》がまで飯を炊《た》くときのこのコツは、現在《げんざい》の電気炊飯器《すいはんき》やガス炊飯器《すいはんき》にも生かされているようです。

「下駄箱《げたばこ》」とはいうものの、今の「下駄箱《げたばこ》」には靴《くつ》だけで下駄《げた》ははいっていない。昭和30年代にはその逆《ぎゃく》で、ほとんどが普段《ふだん》の履物《はきもの》の下駄《げた》だった。この下駄箱《げたばこ》には男ものが多い。ぞうりや鼻緒《はなお》の切れた下駄《げた》もはいっている。長野県阿智村。昭和32年（1957）5月 撮影・熊谷元一

左右の頁《ぺーじ》の写真は同じ家の土間で、出入口のほうから下駄《げた》箱《ばこ》（写真左）、七輪を置いた台、かまどが並《なら》んでいた。右の写真のかまどの向こうは裏庭《うらにわ》で、奥《おく》の建物は風呂場《ふろば》。長野県阿智村。昭和32年（1957）5月　撮影・熊谷元一

ビニール製品《せいひん》は昭和26年（1951）、ポリエチレンは昭和33年（1958）から国内生産を始めていたが、この物置には、石油から作るビニール製品《せいひん》やポリバケツなどは見あたらない。昭和44年（1969）に撮《と》ったはねつるべ（38頁《ぺーじ》）のそばにはポリバケツがあるので、ここにも間もなくはいったことだろう。群馬県東村座間。昭和40年（1965）8月　撮影・都丸十九一

物置でもあった土間

　出入口をはいってすぐのところにあった土間は、農家の間取りに占める割合《わりあい》はけっして小さなものではありませんでした。土間は脱穀《だっこく》や俵《たわら》作りの作業場になりました。馬屋、風呂《ふろ》、もとは台所も土間にあったので、それなりの広さが必要だったのです。

　上の写真のように、その一角は物置になっていました。セイヤ（菜屋）などと呼《よ》び、一見、雑然《ざつぜん》と置いてあるように見えますが、家の人が使いやすく、取り出しやすいように置いてあるはずです。右側のおけには牛のえさが入れてあります。真ん中あたりの石をのせた小さなたるには、ナス、キュウリが漬《つ》けてあります。左のブリキ製《せい》の缶《かん》は玄米《げんまい》を入れて保存《ほぞん》するもので、戦後普及《ふきゅう》しました。その前の横長の箱には、かまどなどで火を起こすとき、最初に燃《も》やす細い小枝《こえだ》の薪《まき》が入れてあります。

　土間は字が示《しめ》すように土の間、土の部屋です。作業場としては固くないといけないので、塩や石灰《せっかい》を混《ま》ぜて固めました。それでも土だけに出入りする人の足でどうしても凸凹《でこぼこ》ができます。そのためときどきくぼみに土を入れたり、高くなったところを削《けず》ったりして凸凹《でこぼこ》をならしました。今なら手早くコンクリートにするかもしれませんが、昭和三〇年代以前の農家ではまだ考えられませんでした。

　床板《ゆかいた》を張《は》らず、土間にもみ殻《がら》を散らしてその上にむしろを敷《し》き、居間《いま》や寝床《ねどこ》にしていた土間造《づく》りの農家もあります。土間造《づく》りは雪国にもありました。床《ゆか》があると下を風が抜《ぬ》けますが、土間造《づく》りはそうしたことがなく、もみ殻《がら》に体温が伝わって暖《あたた》かさが保《たも》たれました。

　子どもにとって土間は、雨の日に独楽《こま》まわしやメンコ遊びをする広場でした。

針金《はりがね》のたがのゆるんだ風呂《ふろ》おけに、小さなバケツで水を運び入れている、いったい何回運ぶといっぱいになるのだろう。長野県阿智村駒場。昭和25年（1950）　撮影・熊谷元一

風呂《ふろ》をわかす

農家の風呂《ふろ》はたいてい土間においてありました。まわりの囲いはなにもなく、人が来るとまる見え、でもそれを気にするふうはありませんでした。風呂《ふろ》にはいるときはみな裸《はだか》ということを、だれもがわかっていたからです。といって訪問《ほうもん》する人がまったく遠慮《えんりょ》しないというわけではありません。くぐり戸を開ける前に様子をうかがいました。

風呂《ふろ》に水を入れ、沸《わ》かすのは子どもの役目でした。水は家の前を流れる小川やため池などから汲《く》んで運びました。沸《わ》かす燃料《ねんりょう》はまき、火かげんが難《むずか》しく、湯が熱くなってしまった場合は、やはり外から水を汲《く》んできてそそぎ、湯かげんを調整《ちょうせい》しました。

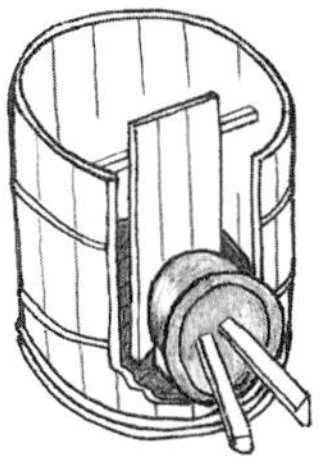

風呂《ふろ》の内部図

右側にある板を土間に敷《し》いて足場とし、前にたらいを置いてそのなかで体を洗《あら》う。写真には見えないが、土間には溝《みぞ》が切ってあって、たらいで使った湯を土間に捨《す》てると、その溝《みぞ》を伝わって外の水槽《すいそう》に流れてたまるようになっている。その水を大小便と一緒《いっしょ》に堆肥《たいひ》にかけて肥料《ひりょう》を作った。長野県阿智村駒場。昭和24年（1949）　撮影・熊谷元一

買って使う町の家はともかく、薪《まき》を自給する農村ではいつ用意したのだろうか。それは地域《ちいき》によって異《こと》なるが、薪《まき》にする木は切ってすぐには使えないので、樹木《じゅもく》が若葉《わかば》で覆《おお》われる春先に切ってそのまま山て枯《か》らして乾《かわ》かし、秋に運び入れたところもあった。岐阜県徳山村。昭和11年（1936）10月　撮影・櫻田勝徳

煮《に》炊《た》きに使う薪《まき》

草屋根の上部に三角形の板がはめこまれ、その一部が格子状《こうしじょう》になっているほか、円や横の切れこみもあります。かまどや囲炉裏《いろり》の煙《けむり》を外に逃《に》がす煙出《けむりだ》しですが、単調になりがちな屋根の飾《かざ》りにもなっています。

軒下《のきした》に積んだ薪《まき》の間の空間が出入口で、この出入口が煙《けむり》出しと同じ方向にあるのを妻入《つまい》りといい、屋根がかやならば「かやぶき妻入《つまい》り造《づく》り」と呼《よ》びました。左に杉《すぎ》皮ぶき屋根の便所があります。屋根には杉《すぎ》皮が風で飛ばされないように石が置いてあり、こうした屋根を「石置屋根《いしおきやね》」といいました。

それにしても、切りそろえられた薪《まき》が、軒下《のきした》にびっしりと積まれているのには驚《おどろ》きませんか。これは豊《ゆた》かさと、何ごともきちんと行なう農家であることを想像《そうぞう》させます。

プロパンガスが普及《ふきゅう》するまで、薪《まき》は炭とともになくてはならない燃料《ねんりょう》で、かまど、風呂《ふろ》、囲炉裏《いろり》などに毎日使いました。一年にどれだけ薪《まき》を使うかは、住んでいる場所、天候などによって家ごとに違《ちが》います。山が近い村では、そこに薪《まき》を取る共同の入会地《いりあいち》を持ち、山の遠い漁村や町の家では売りにくる薪《まき》を必要なだけ買って使いました。

薪《まき》が燃《も》えて出る灰《はい》は洗濯《せんたく》の洗《あら》い粉《こ》にも、畑の肥料《ひりょう》にも、また灰汁抜《あくぬ》きといって、山菜《さんさい》や木の実をおいしく食べるために渋《しぶ》みを抜《ぬ》くのにも使いました。

山から燃料《ねんりょう》として薪《まき》を切り出すことは、山を手入れして、残した樹木《じゅもく》を生き生きさせることにもつながっていました。

石の台の上に置いた、市販《しはん》の土製《つちせい》のかまどに薪《まき》をくべている。大きななべで何を煮《に》るのだろうか。前にしゃがんだ女性《じょせい》の着物の柄《がら》が大きいことから、おそらく若妻《わかづま》だろう。関西などには四つ五つと連なったかまどがあったが、東日本にはまれで、このようなひとつだけの家が多かった。囲炉裏《いろり》でも煮炊《にた》きしたので不便はなかったはずである。秋田県十文字町。昭和28年（1953）5月　撮影・菊池俊吉

かまど近くの柱に掲《かか》げた「かまど神」の面。かまどはもとより家中の火を守り、家族みんなが安泰《あんたい》に暮《く》らせるよう、悪い病気が家のなかにはいってこないように見張《みは》った。宮城県河北町。昭和18年（1943）3月　絵・早川孝太郎

ぼたもち作り

おばあさんと孫、その母親たちが手分けしてぼたもちを作っています。土間に立つお母さんは、炊《た》いて半分すりつぶしたご飯《はん》を握《にぎ》り、左の女の子は黄粉《きなこ》を、右のおばあさんは小豆《あずき》あんをまぶしています。手前の半切《はんぎり》おけの黒っぽいのがあずきあん、白い方が黄粉《きなこ》です。

ぼたもちは彼岸《ひがん》によく作りますが、長野県の下伊那《しもいな》地方では田植えを終えたときにも食べました。そのため田植えがもうすぐ終わるころになると「ぼたもちになりそうだ」といい、無事にすむと「ぼたもちになった」といいました。これは単に甘《あま》くおいしいものを食べるというだけではなく、この地方ではあぜ（一枚の田の囲い）のことを「ぼた」ともいい、あぜが崩《くず》れないように、すなわち「ぼたがもつ」ことを願って食べたのだそうです。

台所でぼたもちを作る。米にはいつも食べている米の「うるち米」と粘《ねば》りのある「もち米」の二種類あって、ぼたもちはこの二つの米を混《ま》ぜて炊《た》き、米粒《こめつぶ》を完全につぶさないで半つきにして握《にぎ》り、小豆あんか黄粉《きなこ》をまぶす。おはぎも同じ作りで、ぼたもちはボタンが、おはぎはハギの花が咲《さ》くころに作るので名があるといわれる。長野県阿智村駒場。昭和31年（1956）6月　撮影・熊谷元一

手前左にこたつがあるが、窓《まど》明かりで夕食がとれるほど日が長くなっているので、もうそれほど寒い季節ではなさそうである。食事は右の客のぜんと奥《おく》の*ちゃぶ台とに分かれる。ちゃぶ台のまわりに座《すわ》るのは家族である。お父さんは食事をすませ、こたつにはいって茶を飲んでいる。秋田県山内村小松川。昭和33年（1958）2月　撮影・佐藤久太郎　＊ちゃぶ台　四脚《きゃく》の低い円形の食卓《しょくたく》。

なべが三つ、手前のみそ汁《しる》なべには木の汁《しる》しゃもじ、なかの片口《かたくち》なべにはアルマイトの汁《しる》しゃもじがはいっているが、中身は何だろう。三番目は飯である。飯炊《めした》き用の羽《は》がまではなく、こうしたなべで炊《た》く家はまだ多かった。秋田県山内村小松川。昭和33年（1958）2月　撮影・佐藤久太郎

とっぷりと日が暮《く》れて囲むウラボン（8月23日）の食卓《しょくたく》。農作業はそれほど忙《いそが》しい時期ではないから、この夕のうどん打ちに時間をかけたのかもしれない。腹《はら》がへったからといって、すぐ口にできるものも、また近所の店で買い食いができるわけでもなかったから、こうして家族そろって食べるうどんは格別《かくべつ》だった。長野県阿智村。昭和31年（1956）8月　撮影・熊谷元一

家族そろってとる食事

祖先を迎《むか》えて過《す》ごす盆《ぼん》

は、現在《げんざい》、地域《ちいき》によって七月のところも八月のところも、さらに太陰太陽暦《たいいんたいようれき》七月のところもあります、月は違《ちが》いますが、日は一三日から一五日までと共通しています。

この盆《ぼん》に対して八月二三日を東日本ではウラボンといいます。長野県の伊那《いな》地方では、墓参りには行きませんが、日が暮《く》れてから祖先《そせん》を迎《むか》える火を門口でともし、その後、上の写真のように家族そろってうどんを食べました。飯台《はんだい》の真ん中においたのがうどんのなべです。

ぼたもちはお彼岸《ひがん》や田植えのあとに作ることから、特別な日の食べものといわれても理解《りかい》できるでしょう。うどんもそばもそうでした。それはいつも食べているものがおいしいものではなかったために、何かにかこつけておいしいものを作ったのです。そのためには、忙《いそが》しい農作業の時間を割《さ》くこともいといませんでした。

右の上下の写真は、窓《まど》明かりのもとでとる普段《ふだん》の日の夕食です。下のぜんは上の右端《みぎはし》の人のものですが、おかずの種類が多いのと、魚もついているのでこの人はどうも客のようです。

漁村はともかく、農山村では魚はぜいたく品のひとつでした。朝飯にたとえメザシでも食べると、「あの家は朝から魚を食っている」といわれました。それだけに魚をつけたぜんは、客への最高のもてなしだったのです。

勉強する女の子に家族それぞれが邪魔《じゃま》しないようにしている。7月上旬《じょうじゅん》なので夜でも暑いはずだが、障子《しょうじ》を締《し》め切《き》っている。障子《しょうじ》を締《し》め切《き》っているのは、蚊《か》がはいってこないようにするためだが、蚊取《かと》り線香《せんこう》が見あたらないことからすると、蚊《か》が出ないほど涼《すず》しい夜なのかもしれない。長野県阿智村駒場。昭和31年（1956）7月　撮影・熊谷元一

くつろぎの居間

夕食のあと床《とこ》にはいるまでの間、今ならテレビを見て過《す》ごします。昭和三〇年代前半には、テレビはもとよりラジオもどの家にもあったわけではないので、囲炉裏《いろり》のまわりでひととき話しをすると、子どもはそれぞれに思い思いのことをしてから休みました。

子どもたちが寝《ね》たあとも、お父さんはおそくまで次の日の農作業の準備《じゅんび》をつづけ、お母さんは洗濯物《せんたくもの》をたたんだり野良着の繕《つくろ》いをしたり、子どもたちが学校へ持っていくものを用意したりしました。

上の写真では、右の女の子が座卓《ざたく》に教科書とノートを広げ、正座《せいざ》で勉強をしています。左の女の子は団扇《うちわ》をいじりながら、勉強が終わるのを待っているようです。ほかの三人は勉強の邪魔《じゃま》をしないようにしています。こうした思いやりは、勉強部屋やテレビのあるなしとは関係ないはずですが、今はどうでしょうか。

左上の写真では、お母さんが掛布団《かけぶとん》を広げて針仕事《はりしごと》をしています。そばの円形のものは針《はり》を刺《さ》しておくものです。奥《おく》の部屋では手前に子ども、その奥《おく》にお父さんが寝《ね》ています。家族が寝静《ねしず》まると、居間《いま》はお母さんの仕事場でした。下げた電球には笠《かさ》がありません。電球の明るさはワットで示《しめ》します。この電球は四〇ワットぐらい。これでも当時は明るいほうですが、現在《げんざい》の蛍光灯《けいこうとう》とくらべたら薄暗《うすぐら》く感じられます。

左下の写真は万年床《まんねんどこ》です。朝起きても布団《ふとん》を押入《おしい》れにしまうことなく、広げたままか二つ折りにしておきます。農家の人は夏は四時ころに起きて朝飯前にひと仕事すませ、日暮《く》れまで田畑で働いて、帰ってからも夜遅《よるおそ》くまで仕事をします。寝《ね》るのは〇時前後になることが多かったので、いちいち布団《ふとん》を上げるのはめんどうでした。けっして衛生的《えいせいてき》ではありませんが、農家にはそうした一面もありました。

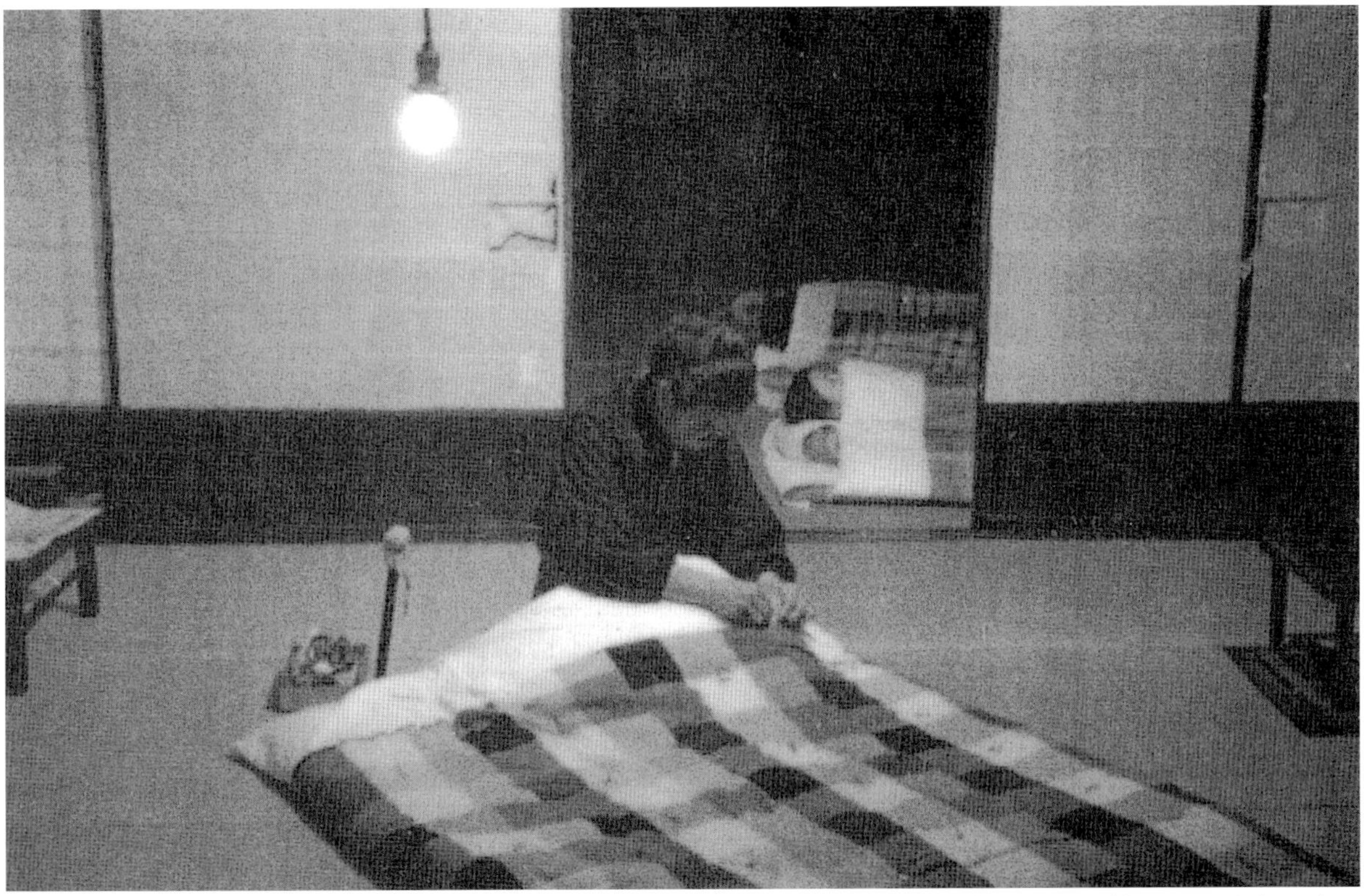

寝具《しんぐ》改良の様子を記録した写真のひとコマ。でもお母さんの夜業《よなべ》仕事であることに違《ちが》いはない。奥《おく》の部屋も一緒《いっしょ》に撮《と》るために開けた障子《しょうじ》を右の写真の障子《しょうじ》とくらべると、横幅《よこはば》が少し長い。これは一間が五寸《すん》（約15センチメートル）長い、京間という尺度《しゃくど》で造《つく》った家であることを物語っている。昭和34年（1959）2月　提供・（社)農山漁村文化協会

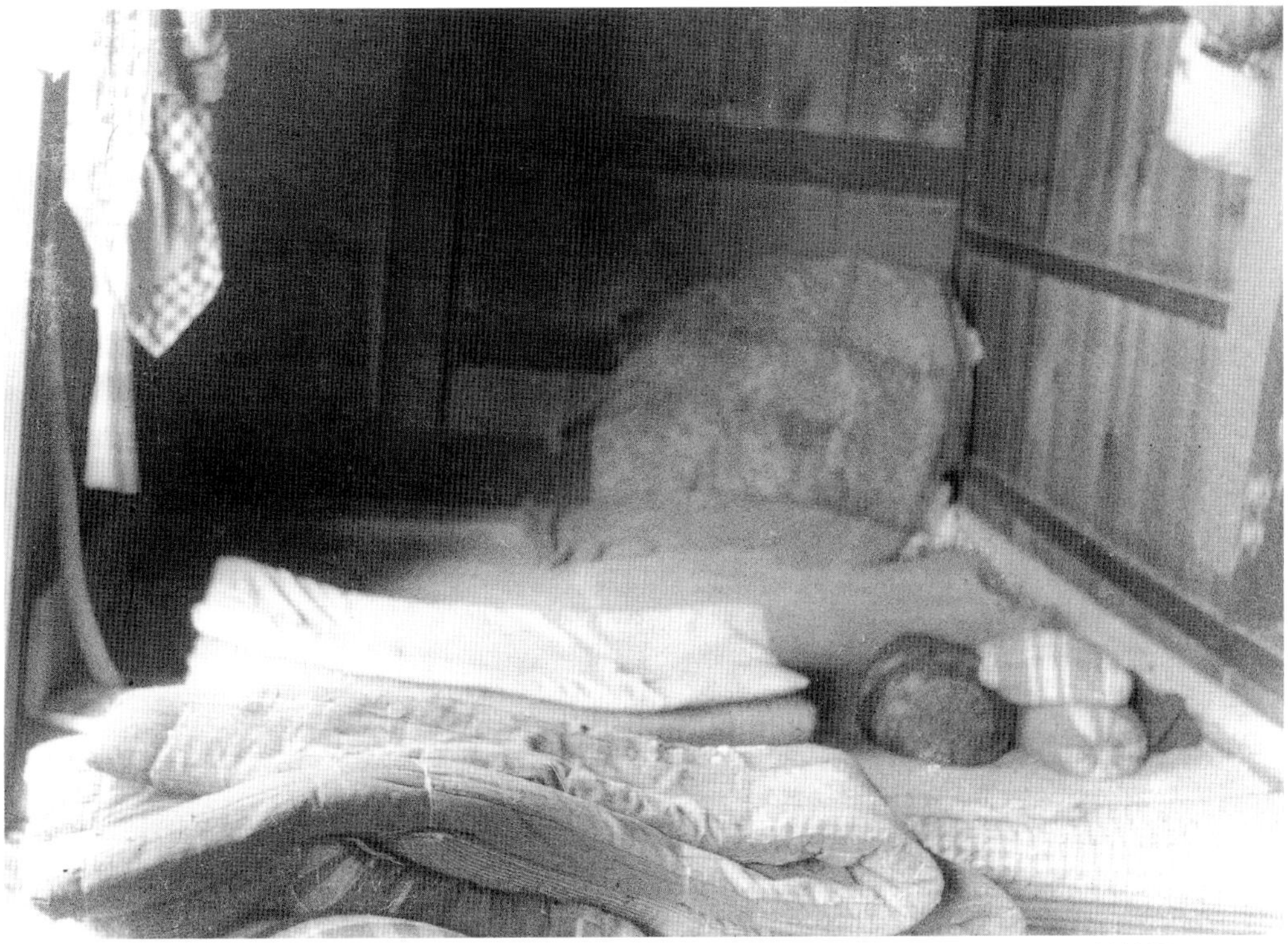

古い農家には押入《おしい》れはなかった。朝起きると布団《ふとん》はたたんで部屋の隅《すみ》においた。写真は万年床《まんねんどこ》といわれたもので、押入《おしい》れがあっても入れないで、朝起きたそのままか、二つ折りにしておき、陽に干《ほ》すこともほとんどなかった。群馬県片品村花咲。昭和29年（1954）3月　撮影・都丸十九一

草屋根に魔除《まよ》けの貝殻《かいがら》が置いてある。屋根は家屋を守るもっとも大きい壁《かべ》といってもよい。しかも天空を向いているから、そこに魔除《まよ》けを置くことで、空から侵入《しんにゅう》する魔物《まもの》を防《ふせ》ぐことができると考えたのは自然なことかもしれない。小正月のドンド焼きの燃《も》え残《のこ》りの枝《えだ》を屋根に投げあげて、魔除《まよ》けとしたところもある。滋賀県日野町中山。昭和55年（1980）9月　撮影・須藤　功

群馬県《ぐんまけん》では便所神をセッチガミとかセッチンヨメゴとかいった。便所神は便所の高いところに置いてあるが、これは写真を撮《と》るためにおろした。群馬県北橘村八崎。昭和44年（1969）11月　撮影・須藤　功

嫌《いや》な客に早く帰ってもらいたいときは、高《たか》ぼうきを逆《さか》さにして、てぬぐいをかけて立てるとよいといった。長野県阿智村駒場。昭和31年（1956）撮影・熊谷元一

上段《じょうだん》は神棚《かみだな》で注連縄《しめなわ》が張《は》ってある。下段《げだん》は同じ作りの棚《たな》が二つ並《なら》び、位牌《いはい》を置いた左が仏壇《ぶつだん》である。右は上下二段《だん》になっていて、上《じょう》段《だん》には恵比須《えびす》と大黒《だいこく》が安置されている。恵比須《えびす》と大黒《だいこく》は豊作《ほうさく》をもたらす神として、農家にはたいていあった。1月と11月の20日の恵比須講《えびすこう》の日には、二神の前に供《そな》え物《もの》をして丁重《ていちょう》にまつった。群馬県片品村。昭和28年（1953）　撮影・都丸十九一

家を守る神さま

みなさんの家には仏壇《ぶつだん》と神棚《かみだな》がありますか。今は仏壇《ぶつだん》はあっても神棚《かみだな》はないという家が多くなっているようです。町や村を問わず、昔はどの家にもたいてい仏壇《ぶつだん》と神棚《かみだな》はありました。仏壇《ぶつだん》は人の背丈《せたけ》ほどの高さに置き、立って線香《せんこう》を上げて手を合わせました。上の写真のように何代もつづく家では、神棚《かみだな》はその仏壇《ぶつだん》の真上にありました。

仏壇《ぶつだん》の真上に神棚《かみだな》があるのは、仏《ほとけ》がやがて神になるからだといわれます。仏教《ぶっきょう》で葬式《そうしき》を行なうと、死んだ人は仏《ほとけ》になり、三回忌《さんかいき》、七回忌《しちかいき》、十三回忌《かいき》と回忌《かいき》を重ね、死後三二年目に行なう三三回忌《かいき》を過《す》ぎると祖先《そせん》は神さまとなって家を守ると考えられていたのです。

家を守るのは、神さまになった祖先《そせん》だけではありません。右上の写真の草屋根には、キラキラ光って魔除《まよ》けになるあわびの貝殻《かいがら》がのせてあります。瀬戸内《せとうち》地方でも草屋根にあわびを、三重県の志摩《しま》地方では魚の骨《ほね》に見える骨貝《ほねがい》をのせました。

その下の右の写真には、高《たか》ぼうき、草ぼうき、はたき、てぬぐいが、奥《おく》の部屋に通じる台所の障子《しょうじ》につるしてあります。別にどうということはないと思うかもしれませんが、ほうきには追《お》い払《はら》う、幸せを守るという力があると信じられていました。たとえば元旦《がんたん》にはほうきを使うものではない、使うとゴミと一緒《いっしょ》に一年間の幸せが掃《は》き出《だ》されしまう、もうすぐ出産する女性《じょせい》がほうきをまたぐと、難産《なんざん》になるともいいました。

左下の写真は便所神のひとつです。ひとつというのは、便所神は家によって紙製《せい》、木像《もくぞう》などそれぞれだったからです。便所はだれもが生涯《しょうがい》使うだけではなく、大便や小便が作物を育てる肥料《ひりょう》となったことから、大事な場所として神さまをおいたのです。ここに並《なら》べたのは、家を守る神さまのほんの一部に過《す》ぎません。

屋根が不つりあいな外便所、おそらく杉《すぎ》皮ぶきの屋根だったのを、後にかわらふきにしたのだろう。左の戸のあるところが大便所、たらいを置いてあるところは風呂場《ふろば》、右は小便所。小便所の一般《いっぱん》に朝顔といわれる木枠《きわく》のなかには、小便が跳《は》ね返《かえ》らないように杉《すぎ》の葉が入れてある。ここには男性《だんせい》だけではなく、女性《じょせい》も立ち小便をした。長野県阿智村。昭和30年（1955）　撮影・熊谷元一

農家の汲み取式の大便所。横長に空いた下に便つぼがある。地方の駅の便所などに見る陶器《とうき》の金隠《きんかく》しはないが、またいで用をたすことに変わりはない。右隅《みぎすみ》の木箱に、新聞紙の一面を八等分した、当時のトイレットペーパーがはいっている。群馬県片品村。昭和30年（1955）　撮影・都丸十九一

田のなかに積んだ堆肥《たいひ》に、おじいさんが長柄《ながえ》のひしゃくで大小便をかけている。ここまでは足元にある二つのおけに汲《く》み入れて、てんびん棒《ぼう》で運んできた。同じおけは右上の写真の小便所の奥《おく》にも置いてある。北国では家のすぐそばに堆肥《たいひ》場を設《もう》けた。雪が積もると田までは簡単《かんたん》には行けなくなったからである。長野県阿智村駒場。昭和13年（1938）　撮影・熊谷元一

肥料《ひりょう》になった大小便

便所には水洗《すいせん》式と汲《く》み取り式があります。少し前までは大小便を使つぼにためておき、一定の量になったとき汲《く》み出す汲《く》み取り式がほとんどでした。水洗《すいせん》式は水で下水道に流し、浄化槽《じょうかそう》できれいにして川に流す現在《げんざい》の方法です。西欧《せいおう》文化がはいってきた明治時代以降《いこう》、早くに水洗《すいせん》式を取り入れたのはビルディングですが、今でも地方都市では汲《く》み取り式が少なくなく、大小便を汲《く》み取るバキュームカーが街のなかを走っています。

便所を今はトイレと呼《よ》んでいますが、昔はよく「かわや」といいました。これには二つの説があって、ひとつは「川屋」、すなわち川に大小便を流すところ、もうひとつは「側屋《がわや》」からきているというものです。

側屋《がわや》とは母屋《おもや》のわきの別棟《べつむね》という意味ですが、農家では、母屋《おもや》から少し離《はな》れたところに造《つく》った外便所がほとんどでした。これは田畑の仕事の途中《とちゅう》でも、泥《どろ》のついた野良着や履物《はきもの》のまま用がたせるのと、汲《く》み取りが容易《ようい》だったからです。

人の大小便を下肥《しもごえ》といって、以前は牛や馬の糞《ふん》尿《にょう》と同じ貴重《きちょう》な肥料《ひりょう》でした。堆肥《たいひ》にかけるだけではなく、肥料《ひりょう》として田畑に直にまきました。自分の家の下肥《しもごえ》だけでは足《た》らないので、近隣《きんりん》の町の家の便所を汲《く》み取って使いました。現在《げんざい》のバキュームカーの役割《やくわり》をしていたのです。今はバキュームカーには金を払《はら》わなければなりませんが、昔は逆《ぎゃく》に汲《く》み取った農家が米とか野菜とか、肥料《ひりょう》を分けてもらった家にお礼をしました。

江戸《えど》時代には、よいものを食べている武家《ぶけ》の便所を汲《く》み取らせてもらうと、お礼もたくさんしたそうです。肥料効果《ひりょうこうか》がより高かったからです。

洗濯板《せんたくいた》でこすって洗《あら》う

洗濯板《せんたくいた》はかしの木などの板に波状《はじょう》型の凹凸《おうとつ》を刻《きざ》んだものです。その板をたらいに斜《なな》めに置き、洗濯物《せんたくもの》に石鹸《せっけん》をつけてその上でこすり、汚《よご》れを落とします。汚《よご》れのほとんどが汗《あせ》であるのは今も同じですが、以前は泥《どろ》の汚《よご》れが多かったことです。道路が舗装《ほそう》されていなかったので、雨が降《ふ》ると泥水《どろみず》が流れ、履《は》いている下駄《げた》でズボンなどに泥《どろ》を跳《は》ねあげました。

洗濯板《せんたくいた》を使わずに、足で踏《ふ》んで汚《よご》れを落とす方法もありました。

昔話「桃太郎《ももたろう》」は、おばあさんが川に洗濯《せんたく》に行って、流れてきた桃《もも》を拾《ひろ》うことから話が始まります。このときの洗濯《せんたく》はどんな方法だったのでしょうか。想像《そうぞう》を巡《めぐ》らすと、石の上でこすった、洗濯物《せんたくもの》を小石の上に置いて足で踏《ふ》んだということなどが考えられます。まだ石鹸《せっけん》はなかったので、囲炉裏《いろり》の灰《はい》か田畑の土を石鹸《せっけん》代わりに使っていたかもしれません。

洗《あら》ってすすいで、絞《しぼ》って干《ほ》す洗濯《せんたく》は、女の人のだいじな仕事でした。

写真の洗濯板《せんたくいた》を使うおばあさんの家に洗濯《せんたく》機がはいるのは、このあとすぐ、昭和三二年（一九五七）六月七日のことで、この家の電化第一号でした。

洗濯板《せんたくいた》にこするようにして洗《あら》う。かなりの力仕事だった。一枚《いちまい》ずつ洗《あら》うので時間もかかった。長野県阿智村駒場。昭和32年（1957）5月　撮影・熊谷元一

洗《あら》った洗濯物《せんたくもの》をバケツに入れて運び、ため池ですすぎをする。近くの小川に行くこともあった。井戸《いど》のある家では、何度も水を汲《く》みあげてすすいだ。最後に絞《しぼ》るのもまた力仕事だった。長野県阿智村駒場。昭和24年（1949）5月　撮影・熊谷元一

刈《か》った稲《いね》をかけ干《ほ》す稲架《はさ》に並《なら》ぶおしめ。どれほど使い、どれほど洗濯板《せんたくいた》で洗ったのだろうか。継《つ》ぎ接《は》ぎも見える。おしめは着古《きふる》した浴衣《ゆかた》などで作ったが、このおしめから元の布地《ぬのじ》を推測《すいそく》するのは難《むずか》しい。おそらく兄弟姉妹の何人かが、同じおしめで大きくなったのだろう。そばのはしごには雑巾《ぞうきん》がかけてある。長野県阿智村駒場。昭和24年（1949）　撮影・熊谷元一

おしめと布団《ふとん》

今は老人用のものもありますが、むつき、おむつ、おしめといえばたいてい赤ちゃんが使うもの、そしてそれは布製《ぬのせい》ときまっていました。まだ本当に柔《やわ》らかな赤ちゃんの尻《しり》にあてるものなので、浴衣《ゆかた》や下着などの使い古した布地《ぬのじ》がよいとされました。というよりも、布《ぬの》が貴重《きちょう》で高価《こうか》だったころの、古着をおしめにして最後まで生かして使おうという知恵《ちえ》だったのです。それも今のように使《つか》い捨《す》てではなく、すり切れるまで洗《あら》って使いました。

左の写真の継《つ》ぎ接《は》ぎだらけの布団《ふとん》、おそらく手製《てせい》でしょう。なかに何がはいっているのかはわかりませんが、綿《わた》はごくわずか、ほとんど稲《いな》わらというのもけっして珍《めずら》しいものではありませんでした。はいってすぐはひんやりしますが、体温で温まると綿《わた》の布団《ふとん》と変わりません。山村では春採《と》れるゼンマイの毛綿《けわた》、海に近いところでは海草などを入れました。

竹のさくにかけ干《ほ》した継《つ》ぎ接《は》ぎだらけの布団《ふとん》と子どもの寝巻《ねま》き。寝巻《ねま》きのちょうど尻《しり》にあたるところを出しているので、たぶん寝小便《ねしょうべん》をしたのだろう。長野県阿智村駒場。昭和25年（1950）　撮影・熊谷元一

お母さんが男の子の頭をバリカンで刈《か》っている。バリカンを使うのは意外に難《むずか》しく、使いなれた人が刈《か》るときれいに仕上がるが、なれていない人にまかせると、髪《かみ》を引っ張《は》って痛《いた》い目にあうばかりでなく、虎刈《とらが》りにされた。刈《か》ったあとが虎《とら》のしま模様《もよう》のようになるのである。左では女の子が髪《かみ》を洗《あら》う、小春日和の裏庭《うらにわ》の光景。長野県阿智村駒場。昭和32年（1957）4月　撮影・熊谷元一

生活技術《ぎじゅつ》

生活に必要なものを金を使わずに自ら作り、やれることは家族でこなす生活を自給自足《じきゅうじそく》といいます。

昭和三〇年代までの農家の生活は、食べ物にかぎらず、生活のあらゆる面で自給自足を心がけていました。上の写真のお母さんが床屋《とこや》をするのも、左の写真の繕《つくろ》いもそのひとつです。農山村では金をかせぐ機会がきわめて少なかったのです。農山村で養蚕《ようさん》が盛《さか》んになるのは、繭《まゆ》を売ってたくさんの金が手にはいることが魅力《みりょく》だったからです。

自給自足《じきゅうじそく》をするには、そのための技術《ぎじゅつ》を覚えなくてはなりません。といって難《むつか》しいことではなく、バリカンで上手に頭を刈《か》ることとか、足袋《たび》の穴《あな》を繕《つくろ》えるといったことです。

水おけをてんびん棒《ぼう》で運ぶときの歩き方については前に書きましたが、これは大小便のおけをてんびん棒《ぼう》で運ぶときにもあてはまります。大小便がおけから飛び出して体についたらやっかい、それこそくさい体になってしまいます。そのために水おけでしっかり歩く技術《ぎじゅつ》を覚える必要がありました。便所の汲《く》み取りは子どももやらされました。

囲炉裏《いろり》にはいつも種火《たねび》がありますが、かまど、風呂《ふろ》などは使うたびに火を起こさなければなりませんでした。まずマッチをすって新聞紙を燃《も》やし、その上に細い小枝《こえだ》をのせて火を移《うつ》し、それからようやく薪《まき》を入れます。ところが細い木をのせる前に新聞紙が燃《も》えつきたり、薪《まき》が湿《しめ》っていたりするとなかなか燃《も》えません。火を上手に燃《も》やせるようになるにも、訓練が必要でした。

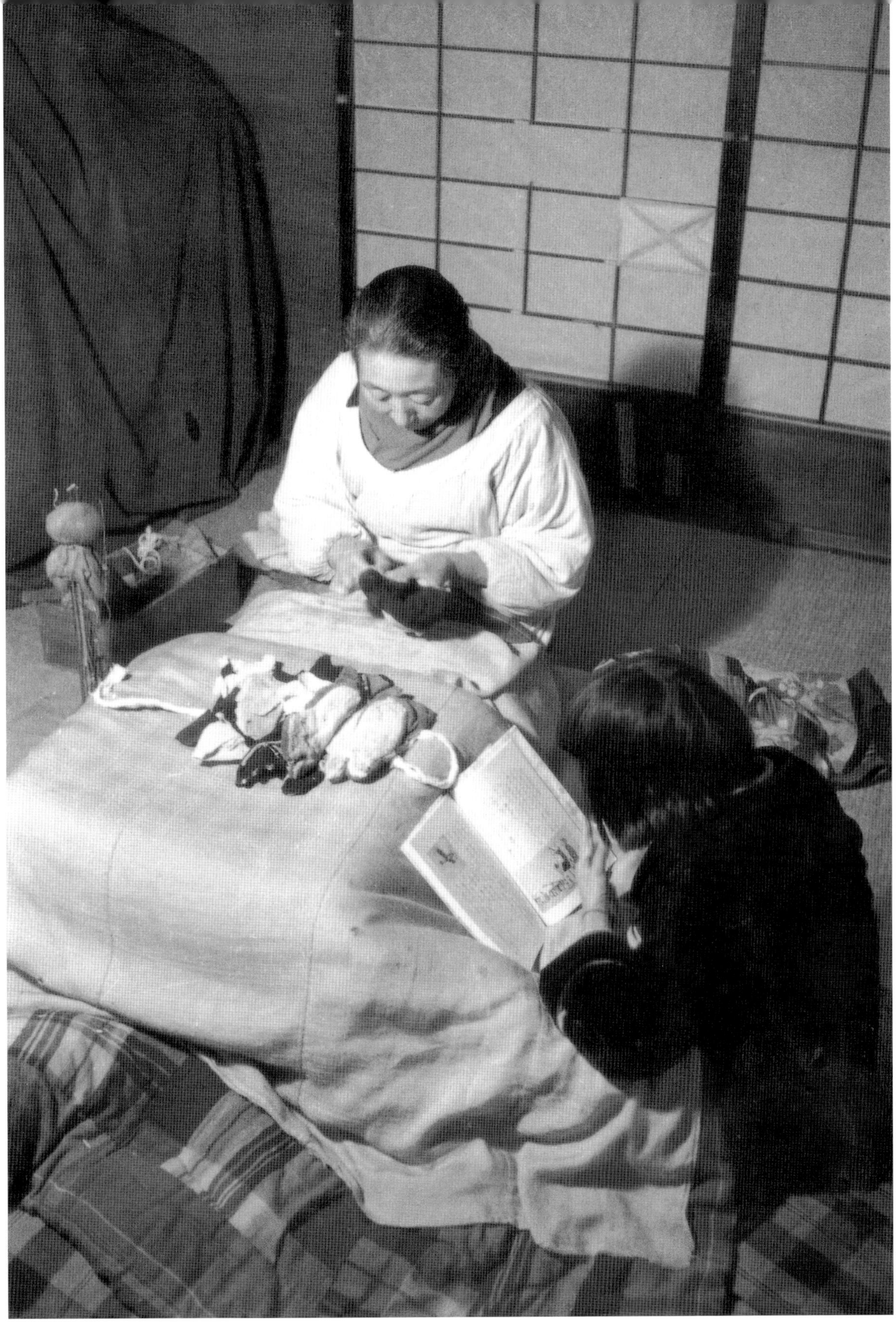

お母さんは正座《せいざ》して足袋《たび》の繕《つくろ》いをしている。こたつの上に置いた足袋《たび》はいずれも裏返《うらかえ》し、洗濯《せんたく》をして干《ほ》したときのままなのだろう。町でも村でも靴下《くつした》はまだ珍《めずら》しく、冬は足袋《たび》を履《は》いた。よく傷《いた》み、一番先に穴《あな》が開いたのは親指とかかとの部分。足袋《たび》のボタンにあたるコハゼの糸もよくほつれた。女の子は教科書を読んでいる。長野県阿智村駒場。昭和32年（1957）1月　撮影・熊谷元一

庭先に広げて干《ほ》していた小豆《あずき》を、夕方近くに取りこんでかごに入れる。ほかの家族は畑に行っているので、これは留守居《るすい》のおばあさんの仕事。小豆《あずき》はもう一日、二日干《ほ》してから、棒《ぼう》で叩《こう》いて脱穀《だっこく》する。置いてあるかごは桑《くわ》つみ用だが、なかにもうひとつ、小豆《あずき》がこぼれないように編目《あみめ》の細かい別のかごが入れてある。群馬県片品村花咲。昭和42年（1967）10月　撮影・須藤　功

庭と縁側《えんがわ》

農家の庭は表（前）も裏《うら》も広々としていました。作物を広げ干《ほ》したり、脱穀《だっこく》したり、またそこで薪《まき》を切ったり割《わ》ったりする作業場として使うために、あるていどの広さが必要だったのです。

庭がもっともよく利用されたのは、収穫《しゅうかく》のつづく秋です。写真の上も左もむしろに小豆《あずき》を干《ほ》しています。何を干《ほ》すかは、それぞれの家の畑の作物によって違《ちが》い、その順番もきまっているわけではありません。秋に農家の庭をのぞくと、小豆《あずき》のほかに大豆《だいず》、里芋《さといも》、コンニャク芋《いも》、そば、大根、白菜、ごぼう、にんじん、稲《いね》もみなどの作物を広げたり、軒先《のきさき》につるし干《ほ》している風景を見ることができました。干《ほ》すことによって甘味《あまみ》が増《ま》し、また貯蔵《ちょぞう》もしやすくなるのです。

裏庭《うらにわ》の多くは北側にあるため、作業はできても作物を広げるのにはあまり適《てき》しません。その点、南側にある前庭は短い秋の陽を日没《にちぼつ》直前まで利用できます。それに縁側《えんがわ》はかならずといってよいほど、この南側の庭とひとつづきのようになっているので、天気が急変したときなど、干《ほ》していたものをすぐそこにあげることができます。縁側《えんがわ》もときには作業場になりました。農作業はもとより、大工仕事をするときもあります。

子どもにとって前庭《まえにわ》は遊び場でした。むろん何も広げ干《ほ》していないときで、男の子は、メンコ、ビー玉、釘《くぎ》さし、またお父さんとキャッチボールをすることもありました。女の子は、まりつき、縄跳《なわと》び、ままごとなどです。

縁側《えんがわ》にはよく近所のおじさん、おばさんたちが寄《よ》り集《あつ》まって、よもやま話に花を咲《さ》かせました。そんなときは家の人が茶の接待《せったい》をします。子どもたちは縁側《えんがわ》ではさみ将棋《しょうぎ》をしたりトランプをしたり、また本を読んだりしました。縁側《えんがわ》は作業場であると同時に、だれもが気がねなく集《つど》い語り合うことのできる場所でした。

庭に干《ほ》すのはやはり小豆《あずき》。群馬県では葬式《そうしき》にも赤飯を炊《た》くので、小豆《あずき》はなくてはならないものだった。横長のくしに輪切りにしてつるし干《ほ》しているのはコンニャク。今は畑から掘《ほ》り出《だ》したままのコンニャク芋《いも》で出荷するので、こうした輪切りにして干《ほ》す光景は見られなくなったが、コンニャクの一大産地である群馬県では、かっては秋になるといたるところで目にした。群馬県赤城村綾戸。昭和42年（1967）11月　撮影・須藤　功

縁側《えんがわ》に腰《こし》かけてトウモロコシの皮をむく。すぐ食べるのではなく、むいたトウモロコシをつるし干《ほ》して保存《ほぞん》する。食べるときは実をうすでひいて粉にし、ヒエなどの粉と混《ま》ぜて団子《だんご》を作った。牛や馬の餌《えさ》に混《ま》ぜた農家もある。群馬県保存片品村登戸。昭和42年（1967）10月　撮影・須藤　功

縁側《えんがわ》で本を読む子どもたち。この家にはたくさんの本があるので、だれいうとなく寄《よ》ってしばし読書にふける。一階の軒下《のきした》には漬物《つけもの》にする大根がさげてある。二階には干《ほ》し柿《がき》をつるしている。だいぶ黒くなってもうすぐ食べられるが、たぶん正月に歯がためとして家族で食べるのだろう。長野県阿智村。昭和20年年代　撮影・熊谷元一

リヤカーでやってくるおばさんの魚売り。土地では「えさば屋」といった。てんびんばかりの先についたかぎで大きなタコ足をつりあげて、お父さんに「どう、買わない」といい、娘《むすめ》たちはその交渉《こうしょう》の様子を楽しそうに聞いている。手前の箱には身を開いた魚がはいっている。左の白エプロンのお母さんは白菜を洗《あら》っている。そろそろ野良仕事も一段落《ひとだんらく》する晩秋《ばんしゅう》のひととき。秋田県横手市。昭和30年代　撮影・佐藤久太郎

買物に行って町から帰ってきたお母さんたち。町に出るときのよい着物を着て、頭からスカーフを巻《ま》いている。雨がやがて雪になりそうな日である。長靴《ながぐつ》をはいているのも、ひとつには未舗装《みほそう》の泥《どろ》道にそなえたものだが、もしかしすると雪になるかもしれない、という用心でもあったのだろう。秋田県湯沢市。昭和30年代　撮影・加賀谷政雄

やってきた魚屋

馬車も牛車も荷物を運びましたが、それらはいうまでもなく馬、牛が必要で、だれもが簡単《かんたん》に使うことができるというものではありませんでした。その点リヤカーは、手で持ちあげられる大きさと重さのものなら、十二、三個《こ》ぐらいまでのせることができました。さらにこまわりがきいて、しかも一人で思うところへ引いて行くことができました。

右の写真の魚売りのおばさんも、そのリヤカーに、トロバコと呼《よ》ぶ魚を入れる箱を三、四個《こ》積んでやってきました。あるいはもっと積んであったのを、魚が売れたところで箱を処分《しょぶん》したために、ここにくるまでにこれだけになったのかもしれません。

遠い町まで行かなければ魚屋のない農村では、こうしてやってくる魚売りの海の魚は大変なごちそうでした。当時の普段《ふだん》の生活のなかでは高い買物だったのですが、米を供出《きょうしゅつ》して、多少の金がはいるあてができた秋には、家族のために奮発《ふんぱつ》しました。魚売りはそうしたことを知っていてやってきたのです。

呉服《ごふく》や洋品衣類の行商人もやってきました。でも使っていて壊《こわ》れたものや、そろそろ補充《ほじゅう》しなければならないものなど、待っていても行商人が売りにこないものは、町まで買いに行かなければなりません。歩きですから、上の写真のように、バス停留所《ていりゅうじょ》から買ったものを竹かごや大きな風呂敷《ふろしき》で包んで背負《せお》ったり、手にして帰ってきました。ちょっと疲《つか》れますが、みやげの菓子《かし》を見て子どもたちがどんなに喜ぶかと思うと、それも苦にはなりません。

上の写真の右のお母さんは、こたつやぐらを背負《せお》っています。冬の間、囲炉裏《いろり》のほかに行火《あんか》こたつを入れるのでしょう。変わる時代の波が、ここにも少しずつ押《お》しかけきていたようです。

前庭の畑にまいた野菜がいっせいに芽を出した。かぶ菜だろうか。密生《みっせい》しているが、少しずつつんでみそ汁《しる》の具《ぐ》にしている間にほどよい間隔《かんかく》になる。大きく伸《の》びたかぶ菜もまた食卓《しょくたく》にのぼる。長野県清内路村。昭和29年（1954）　撮影・熊谷元一

自家で作る食べもの

今なら農村、山村、漁村に住んでいても、ちょっと車を走らせれば、欲《ほ》しいものはたいてい手に入れることができます。車がない時代にはそうはいきませんでした。バスはあっても、必要なものを買いに町に出ると一日がかりになりました。

しかしいくら必要だからといって、食べるものをいつもそうして買いに行くわけにはいきません。そこで食品はできるだけ自分の家で作るようにしました。自給自足《じきゅうじそく》です。漬物《つけもの》、しょうゆ、みそ、豆腐《とうふ》なども家族みんなで作りました。

たくさんの漬物《つけもの》

昭和三〇年代あたりまで、北国では冬に町へ買物に行っても、トマト、キュウリなどの果菜はむろんのこと、ホウレンソウ、白菜、小松菜、キャベツといった葉ものも手に入れることはできませんでした。ビニールハウスもなければ、暖《あたた》かい地方から運んでくる全国的な流通機構《きこう》もまだ整っていなかったからです。

冬の野菜を少しでも補《おぎな》うために、それぞれの家でたくさん用意したのが漬物《つけもの》です。白菜、大根の葉を代表に、地域《ちいき》それぞれに葉もの野菜の漬物《つけもの》がありました。

また、漬物《つけもの》には好みがあります。どこでもよく漬《つ》けたのは大根で、だれもが知っているたくわんはなくてはならないものでした。地方によってこれにも工夫があります。大根を囲炉裏《いろり》の煙《けむり》でいぶしてから漬《つ》ける、秋田の「いぶりがっこ」もそのひとつです。

左上の写真では、大根というよりも、大根の葉

おばあさんが刻《きざ》む大根葉を、子をおぶったお母さんがおけに入れている。入れた量を見計らって塩をふり、その上にさらに大根葉を重ねて再《ふたた》び塩をふり、なかぶたをしてその上に漬物《つけもの》石をのせる。長野県阿智村駒場。昭和12年（1937）　撮影・熊谷元一

を漬《つ》けています。初めから葉を漬《つ》けるために植えた大根なのでしょう。その下の写真には、見えるだけで漬物《つけもの》おけが五つあります。大勢《おおぜい》の家族がいるようです。

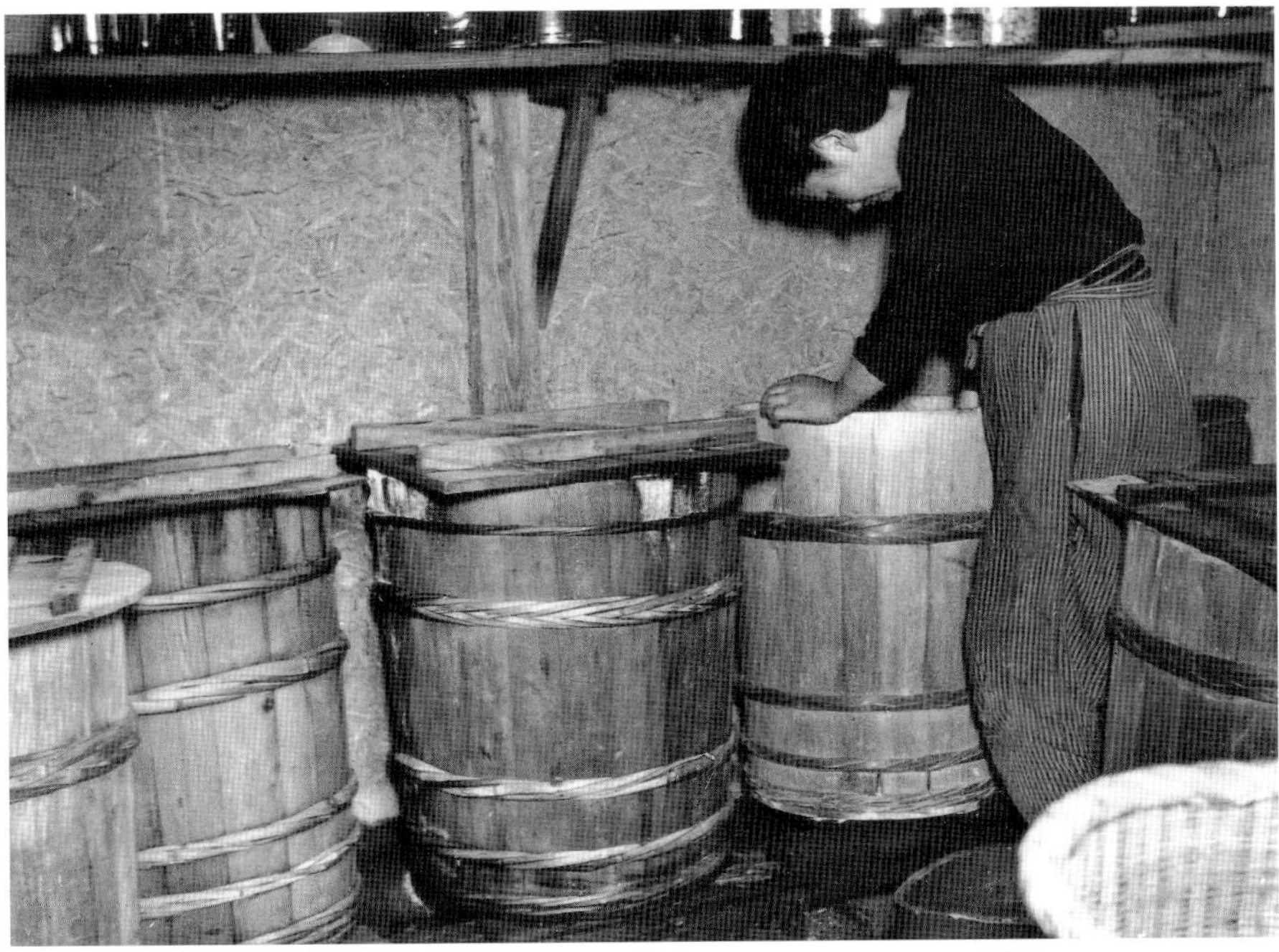

お母さんは漬物《つけもの》の漬《つ》かり具合を見ている。漬物《つけもの》おけの中には大きな漬物《つけもの》石がのせてある。この重みで絞《しぼ》り出《だ》される汁《しる》に注意していないと、せっかく漬《つ》けた漬物《つけもの》をダメにしてしまうこともあった。長野県阿智村駒場。昭和24年（1949）　撮影・熊谷元一

麻袋《あさぶくろ》に入れた原料のもろみを搾《しぼ》り機で圧搾《あっさく》する。手前の小さなおけに細く流れ出ているのがしょうゆの元である。仕込《しこ》みはそれぞれの農家でもできたが、搾《しぼ》るのは、まわってくる搾《しぼ》り屋に頼《たの》んだ。長野県阿智村駒場。昭和24年（1949）　撮影・熊谷元一

しょうゆとみそ

しょうゆは私たちの祖先《そせん》が生み出した日本独特《どくとく》の調味料です。うま味に加えて甘味《あまみ》と塩味、食欲《しょくよく》をそそる香気《こうき》があって、食卓《しょくたく》になくてはならないものです。

しょうゆの主な原料は大豆《だいず》です。煮《に》た大豆《だいず》に小麦を火でいって粉にして混《ま》ぜ、こうじを加えては*っこうさせます。はっこうが進んで黄身をおびてきたら仕込《しこ》みおけに移《うつ》して塩と水を入れ、かき混《ま》ぜてひと夏そのまま置きます。そうしてできるのがしょうゆの原料のもろみというものです。

上の写真はそのもろみを麻 袋《あさぶくろ》に入れて搾《しぼ》っているところです。これに砂糖《さとう》のひとつであるザラメ糖《とう》と塩を加えて煮込《にこ》むと、自家製《じかせい》のしょうゆができます。

しょうゆと同じ大豆《だいず》を原料とするみそは、蒸《む》す、つぶす、みそ玉にする、おけに仕込《しこ》むの四つの行程《こうてい》で作られます。昭和三〇年代後半になると、道具でつぶすようになりますが、それまでは新しいたらいに蒸《む》した大豆《だいず》を入れ、新しいわらじを履《は》いて足でつぶしました。左の写真は足でつぶしたものを四角に固めてみそ玉にしています。これをわら縄《なわ》でしばって四〇日ほどつるし、自然はっこうさせてから塩とこうじを加えておけに仕込《しこ》みます。

みそ作りは、たいてい農作業が忙《いそが》しくなる前の春先に行ないました。おけに仕込《しこ》んだみそは、夏の土用を越《こ》すと食べられます。それを食べずに翌々年《よくよく》の春まで置く三年みそは、「三年みそに余《よ》念《ねん》（四年）なし」といって、一番おいしいといわれました。

***はっこう** 米、麦、豆などに食用菌《きん》を繁殖《はんしょく》させて、甘味《あまみ》やうま味、アルコールなどを作ること。酒、酢《す》、しょうゆ、納豆《なっとう》、漬物《つけもの》もそのはっこう食品です。

煮《に》てつぶした大豆《だいず》を立方形にしたみそ玉。家によって円形や円柱にした。これを細い縄《なわ》でしばって室内や軒下《のきした》に一ヵ月ほどつるしかけておき、それから塩とこうじを混《ま》ぜてみそおけに仕込《しこ》む。長野県阿智村駒場。昭和25年（1950）　撮影・熊谷元一

① 祝いごとなどには、ごちそうのひとつとして豆腐《とうふ》を作った。まず煮《に》た大豆《だいず》を石うすですって液状《えきじょう》にする。

② 液状《えきじょう》にしたものを大きななべで煮詰《につ》めて木綿袋《もめんぶくろ》に入れる。

③ 木綿袋《もめんぶくろ》にはおからが残る。木綿袋《もめんぶくろ》を棒《ぼう》で押《お》さえて搾《しぼ》り、搾《しぼ》り出た液《えき》に苦汁《にがり》を加えながらかき混ぜ、型箱に入れて冷《さ》ます。苦汁《にがり》は海水を煮詰《につ》めて塩を取ったあとにのこる液《えき》で、液状《えきじょう》の大豆《だいず》を固める。

写真はいずれも埼玉県両神村薄。昭和30年代　撮影・出浦欣一

④ 箱にいれて冷《さ》めたところで切り分ける。こうして作った豆腐《とうふ》は、はしを刺《さ》してそのまま持ちあがるほど固く、そしておいしかった。

豆腐《とうふ》屋から買ってきた凍豆腐《しみどうふ》用の豆腐《とうふ》を、わらで七、八個《こ》ずつしばり連ねる。そばで孫をおぶって見ているのはおばあさん。これを軒下《のきした》などにつるしさげ、寒気で水分を飛ばして干《ほ》しあげる。「高野豆腐《こうやどうふ》」の名もある保存《ほぞん》食のひとつで、今は市販《しはん》されている。食べるときは水に浸《ひた》してもどす。煮物《にもの》などに入れることが多い。長野県富士見町境。昭和33年（1958）2月　撮影・武藤　盈

煮た大豆《だいず》をわらづとに入れ、布団《ふとん》などで包んで囲炉裏《いろり》のそばに置いたり、こたつに入れたりする。わらについた納豆菌《なっとうきん》によって一週間ほどで納豆《なっとう》ができる。この納豆《なっとう》が一番うまいという人が多い。新潟県松之山町黒倉。昭和54年（1979）12月　撮影・小見重義

わらづと納豆《なっとう》

豆腐《とうふ》も大豆《だいず》なら、納豆《なっとう》もまた大豆《だいず》が原料です。作る手間は、仕込《しこ》しょうゆ、みそ、豆腐《とうふ》のようにはかからず、仕込んでから食べられるまでの期間もわずかです。

上の写真は仕込《しこ》みをしているところです。両《りょう》端《たん》をわらでしばった、長さ五〇センチメートルほどのわらづとを開き、そこに煮《に》た大豆《だいず》を入れて閉《と》じます。これをひとまとめに布団《ふとん》で包んだり、わらを巻《ま》いてさらにむしろで包み、こたつに入れるか暖《あたた》かな場所に置きます。するとわらについている納豆菌《なっとうきん》が活発に活動して、一週間ほどでおいしい糸引き納豆《なっとう》ができます。

雪国の子どもは、こたつにとっぷりとはいっていると、親によくいわれたものです。

「そんなにしていると、納豆《なっとう》になるぞ」

今売られている納豆《なっとう》は、煮《に》た大豆《だいず》に納豆菌《なっとうきん》をまぶして作られています。昭和三〇年代の朝市で売られていたのは、農家の人がわらに自然についた納豆菌《なっとうきん》で作った納豆《なっとう》でした。「なっと、なっとー、糸引きなっとー」といって、朝早く売り歩く人もいました。

わらづとは納豆《なっとう》を食べたあと、そのまま堆肥《たいひ》の上に放り投げると、肥料《ひりょう》となって土にもどり、稲《いね》や野菜を育てました。

最近まで、西日本の人は、納豆《なっとう》を食べませんでした。暖《あたた》かい地方では雑菌《ざっきん》が多くて、昔はよくできなかったのです。でも今はその栄養価《えいようか》に注目して、食べるようになりました。

江戸納豆《えどなっとう》とも呼《よ》ばれた糸引き納豆《なっとう》のほかに、はっこうさせて干《ほ》した黒い「浜納豆《はまなっとう》」「大徳寺納豆《だいとくじなっとう》」があります。これは朝の食卓《しょくたく》ではなく、お父さんの晩酌《ばんしゃく》のつまみになります。

のしもちを薄く切ってわらで連ねてつるし、冷気で乾燥させて干しもちにする。油であげるとこうばしい香りがしておいしい。子どものおやつなどにした。新潟県松之山町黒倉。昭和52年（1977）1月　撮影・小見重義

紙袋《かみぶくろ》に入れて天井《てんじょう》からつるした種もみ、下につけた荷札に品種が記してある。家族が食べる玄米《げんまい》もこのようにつるしておく農家が多かった。ネズミにやられる心配がなかったからである。新潟県松之山町黒倉。昭和52年（1977）3月　撮影・小見重義

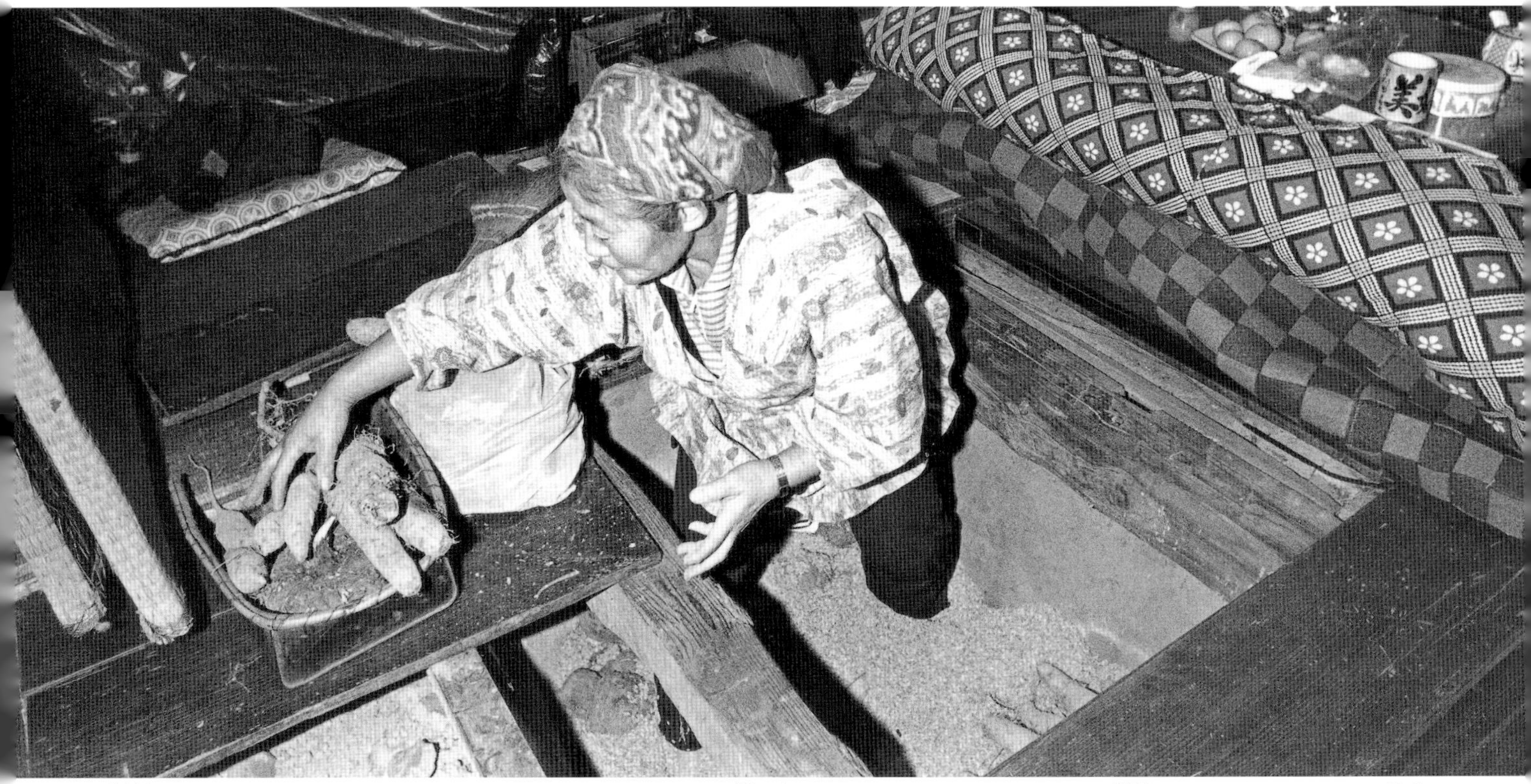

床下《ゆかした》は四季を通じてひんやりと冷たい。それを利用して、もみ殻《がら》を敷《し》いて大根やジャガイモを入れて保存《ほぞん》した。この家の場合は囲炉《いろ》裏《り》はこたつに変わり、また畳《たたみ》にカーペットを敷くという新しい居間《いま》になっている。床下《ゆかした》から取出すには、それらをあげてから床板《ゆかいた》をはらうので手間がかかるが、使いなれたものは変えられない。新潟県松之山町黒倉。昭和52年（1977）1月　撮影・小見重義

裏口《うらぐち》に近い板の間に柱を立てて竹ざおを結び、そこに新聞紙に包んだ白菜、下のさおにはビニールに包んだカボチャがさげてある。0度以下の寒さで凍《こお》らないようにした、これも雪国の保存《ほぞん》方法のひとつ。いずれも数が多いことから大家族らしい。新潟県松之山町大荒戸。昭和54年（1979）1月　撮影・小見重義

貯蔵《ちょぞう》の工夫

雪国の農家では、越冬《えっとう》させる種もみとともに、冬の間に食べるたくさんの野菜を貯蔵《ちょぞう》しました。

貯蔵《ちょぞう》の工夫はネズミからどのようにして守るか、ということから始まりました。草屋根の農家とはかぎらず、町の家にもたいていネズミがいました。夜中に天井裏《てんじょううら》を走りまわる音がすると、「ネズミが運動会をしている」といったものです。そのネズミをねらうのは猫《ねこ》ですが、蛇《へび》もネズミをねらってどこからか侵入《しんにゅう》してきました。草屋根の天井裏《てんじょううら》に、そのまま居《い》ついてしまう蛇《へび》もいました。

ネズミは家のなかにあるたいていのものを食いあさります。好物がはいっているのがわかると、かなり厚《あつ》い板の木箱でも食い破《やぶ》って穴《あな》を開けて侵入《しんにゅう》しました。食われて困《こま》るのは種もみといつも食べる米です。そこで写真右上のように、種もみなどは綱《つな》でつるしておきました。ネズミは跳《と》び移《うつ》ることができないので、これでひと安心です。

右下の写真は床下《ゆかした》に作った野菜の室《むろ》です。密閉《みっぺい》されるのでネズミの心配もなく、温度が一定しているので芋《いも》、大根、人参、ゴボウなどの根菜類を入れて置くのに最適《さいてき》でした。

作ってはならないドブロクという自家製《じかせい》の酒を仕込《しこ》み、そのかめを床下《ゆかした》に隠《かく》しておいたという話は、農村ではよく聞きました。それも床下《ゆかした》を二メートル近くも掘《ほ》り下《さ》げ、そこにかめを置きました。穴《あな》が浅いと酒のにおいがあたりに漂《ただ》よって、違法《いほう》な酒を作っていることがわかってしまうからです。ドブロクは明治時代の初めまでは自由に作っていました。

雪国では「雪囲い」といって、雪が降《ふ》る前に家まわりを炭俵《すみだわら》、古い米俵《こめだわら》、板などで囲った。この農家の場合は、手前の板壁《いたかべ》はキビ殻《がら》で、窓《まど》ガラスのあるところは板で囲っている。雪が家に直接《ちょくせつ》あたって圧迫《あっぱく》されないようにしたものだが、同じ雪国の新潟県などではしない。秋田県大森町八沢木。昭和43（1968）11月　撮影・須藤　功

第二章

馬も鶏《にわとり》も牛もみな家族

荷ぐらをつけた馬が、引いてきた学生服姿《すがた》の子にあまえるように、顔をなでられている。馬が運んできたのは手前のくいらしい。座《すわ》った子のひざ下は泥沼《どろぬま》にはいったかのように汚《よご》れ、足袋《たび》の先は破《やぶ》れて指が出ている。秋田県能代市道地。昭和33年（1958）　撮影・南　利夫

放《はな》し飼《か》いの鶏《にわとり》に、少年が米あげざるに入れたえさをやっている。大きくなりつつあるヒヨコもいるが、こうした放《はな》し飼《か》いは注意していないと猫《ねこ》に襲《おそ》われた。鶏《にわとり》は卵《たまご》を生ませるためだが、客があったりすると首をひねってつぶし（殺すこと）、鶏肉《とりにく》として食べた。秋田県二ツ井町。昭和30年（1955）　撮影・南　利夫

毛が高値《たかね》で売れたアンゴラウサギ。子を生んだばかり。狭《せま》いウサギ小屋では、親が子ウサギの上に乗って窒息《ちっそく》死させせることがあるので、風邪《かぜ》気味のおばあさんは気になって寝《ね》ていられない。長野県阿智村駒場。昭和32年（1957）1月　撮影・熊谷元一

家畜《かちく》の役割《やくわり》

昭和三〇年代までの農村には、牛、馬、豚《ぶた》、鶏《にわとり》、山羊、うさぎ、犬、猫《ねこ》などの家畜《かちく》がいました。犬や猫《ねこ》は今も広く飼《か》われていますが、それは心をいやしてくれるペットで、役割《やくわり》や仕事を持っているわけではありません。

家畜《かちく》の犬は家の留守《るす》や田畑の作物を猿《さる》やイノシシから守る番犬であり、猫《ねこ》はネズミを捕《と》るのが仕事でした。ほかの家畜《かちく》もそれぞれ役割《やくわり》を担《にな》って農業を助け、農家の力になりました。その役割《やくわり》をきちんとこなしてくれたからこそ、農家の人は家畜《かちく》を家族のようにかわいがり大切にしました。

働き生む家畜《かちく》

おじいさん、おばあさんに遠足や運動会で楽しかったのは何と聞いたら、きっとゆで卵《たまご》とバナナが食べられたこと、というはずです。

農家では卵《たまご》を生ませるために鶏《にわとり》を飼《か》っていました。七、八羽いても生む卵《たまご》は少なく、大変高価《こうか》だったので、農家でもだれもが毎日は食べられませんでした。卵《たまご》は病気になったときや特別な日に食べるものとされていたのです。

牛、馬は田畑を耕《たがや》したり、村から町へ、逆《ぎゃく》に町から村へ荷を運んだりしました。その途中《とちゅう》でところかまわず、大小便をしました。小はともかく、落とした大のほうは大通りでもすぐ近所の人が肥料《ひりょう》にするために拾い集めたので、あまり汚《よご》すことはありませんでした。

家畜《かちく》は家で子を産みました。そのかわいらしさが、一日の疲《つか》れをいやしてくれました。

この小屋は豚《ぶた》と鶏《にわとり》が一緒《いっしょ》。生まれた子豚《こぶた》を見る飼《か》い主《ぬし》と同じように、鶏《にわとり》も心配しているかのようである。豚《ぶた》の乳房《ちぶさ》は生まれた子豚《こぶた》の数だけあるわけではないので、気の弱い子豚《こぶた》は乳《ちち》にありつけないこともある。新潟県松代町室野。昭和54年（1979）6月　撮影・小見重義

生まれたばかりの子牛の体をふいてやる家族、それぞれの顔は見えないが、喜びか愛情《あいじょう》が体に現《あらわ》れている。このあとすぐ子牛は立って足をふんばり、歩き始めた。長野県阿智村駒場。昭和26年（1951）　撮影・熊谷元一

草木の若葉《わかば》が芽吹《めぶ》くころ、山羊《やぎ》を引いて子どもたちと田へ行く。山羊《やぎ》が道草を食っている間、長い綱《つな》を握《にぎ》って、お母さんと女の子は食い終えるのを待っている。山羊《やぎ》は田のまわりの草を食ってくれるし、子どもの相手もしてくれるので、お母さんは安心して田の仕事ができる。秋田県湯沢市。昭和37年（1962）5月　撮影・佐藤久太郎

えさに夢中《むちゅう》の山羊《やぎ》の乳《ちち》を搾《しぼ》る。山羊《やぎ》の乳《ちち》は滋養《じよう》に富《と》み、成長期の子どもにはよい飲みものだった。下駄履《げたば》きの片足を伸《の》ばして乳《ちち》を搾《しぼ》る坊主頭《ぼうずあたま》の男の子は小学生だろうか。立って見ている男の子は坊《ぼっ》ちゃん刈《が》り、しゃがんで手をやる女の子の頭ははおかっぱ、この二人は都会から遊びにきている子のようである。新潟県六日町欠之上。昭和29年（1954）8月　撮影・中俣正義

えさを食べる子牛の様子を見ていたところに、チョコチョコっと小犬がやってきた。いっせいに注目されて、ちょっとやきもちを焼いていた小犬も満足。秋田県湯沢市。昭和30年代　撮影・加賀谷政雄

残り飯に残りのみそ汁《しる》をかけたのを「猫《ねこ》まんま」といった。それでは腹《はら》が満たされないから、猫《ねこ》はネズミを捕《と》って食った。ネズミは農家とはいわず町家にもたいていいたから、働きものの猫《ねこ》は歓迎《かんげい》だった。写真のこの猫《ねこ》も太っているから、よくネズミを捕《と》っているのだろう。エズメのなかの男の子、あげた足にそよぐ風が気持ちよい。秋田県湯沢市。昭和30年代　撮影・加賀谷政雄

同じ「牛車」と書くものの、貴人《きじん》が乗った「ぎっしゃ」と荷車を引いた「ぎゅうしゃ」の二つの読みがある。乗せるのが人か荷かという違《ちが》いだが、牛が車を引くのは同じ、牛に直接《ちょくせつ》乗ることは、実生活ではあまりなかった。それだけに冬の運動として牛を走らせるのに、ほほかむりにサングラス、マントを着てまたがるのは珍《めずら》しい。秋田県横手市郊外《こうがい》。昭和30年代　撮影・佐藤久太郎

幼児《ようじ》の乗った手作りの箱ぞりに近づく牛。幼児《ようじ》の乳《ちち》のにおいに引かれたのかもしれない。だれも驚《おどろ》いた様子がないのは、身近にいる牛がよくやることで、別に驚《おどろ》くようなことではないからである。秋田県横手市郊外《こうがい》。昭和30年代　撮影・加賀谷政雄

居間《いま》から馬の様子がいつも見える、土間を仕切って設《もう》けた馬屋。子馬が親馬にじゃれている。馬屋はもうひとつ右手前にもある。上につるしてあるのは煙草《たばこ》の葉で、これは左の居間《いま》へのあがり口までつづいている。あがり板の前に女性《じょせい》の靴《くつ》が三足ある。青森県八戸市櫛引。昭和45年（1970）9月　撮影・和井田登

運動のために走らせる馬に、雪遊びの子どもたちが驚《おどろ》いている。目だけ出して顔を覆《おお》っているのは寒さ除《よ》け。自動車が走るようになるまで、雪国の町は中心街といえどもほぼこのような状態《じょうたい》だった。朝のうちは人ひとり、昼ごろに馬そりがかろうじて通れるくらいの道ができるが、両側には軒下《のきした》を越《こ》える雪があった。秋田県横手市。昭和30年代　撮影・佐藤久太郎

放《はな》し飼《か》いにしていた鶏《にわとり》は、雪がくると家のなかの狭《せま》い小屋に入れられる。この家の場合、小屋は台所のそばにある。おばあさんは鶏《にわとり》のえさを刻《きざ》んでいるのだが、台所で家族の食事のしたくをしているのとさして変わりはない。家のなかにいるので、鶏《にわとり》の朝の時の声はよく響《ひび》く。その声が鶏《にわとり》のいない近所にも届《とど》くようになると、積もった雪が解《と》けた証《あかし》で、雪国の春はもう間近かである。

新潟県松之山町黒倉。昭和54年（1979）　撮影・小見重義

第三章

農作業の準備にいそしむ

芽の出た麦を踏《ふ》みつける麦踏《むぎふ》み。「分《ぶん》けつ」といって、茎《くき》の枝分《えだわ》かれをうながすとともに、霜柱《しもばしら》によって浮《う》きあがる根を押《お》しこんで根付かせる。枝分《えだわ》かれが多いと穂《ほ》の数が多くなり、麦の収穫《しゅうかく》量も増《ふ》える。背後《はいご》の山は雨降山の名もある相模大山《さがみおおやま》。麦踏《むぎふ》みをしているあたりは今は住宅《じゅうたく》が建《た》ち並《なら》んでいる。神奈川県秦野市。昭和25年（1950）ころ　撮影・菊池俊吉

すす掃《は》きを終えた日の夕、手伝いにきた分家の者も一緒《いっしょ》に食事をとる。箱膳《はこぜん》の盆《ぼん》の上の食器はみな同じ、飯、汁《しる》の茶碗《ちゃわん》と漬物《つけもの》用の小皿、主人の前にだけ徳利《とっくり》がある。中央に飯が炊《た》きあがって間もない羽《は》がまと汁なべが置いてある。この家では飯も汁《しる》も陶器《とうき》を使っているが、どちらも木椀《わん》という家もあった。新潟県六日町欠之上。昭和26年（1951）12月　撮影・中俣正義

すす掃《は》きの日

暮れの大掃除《おおそうじ》を「すす掃《は》き」といいました。すすは囲炉裏《いろり》などの煙《けむり》に含《ふく》まれている、黒い小さな粒《つぶ》が固まったもので、天井《てんじょう》といわず柱といわずあちこちにこびりついて家を汚《よご》しました。新しい年を迎《むか》えるために、そのすすをきれいに洗《あら》い落《お》とすのが「すす掃《は》き」で、一二月一三日をその日として、別に「正月始め」などと呼《よ》んでいたところもあります。

大きな農家だと、きれいにするのに大勢《おおぜい》の人手がいります。難《むずか》しい仕事ではないので、子どもで十分、手伝うことができます。右の写真の家では、主人の弟一家にきてもらい、一日で無事に終わらせることができました。これで安心して正月準備《じゅんび》にはいり、気持ちよく新年を迎《むか》えることができます。

すす掃《は》きのために作り使った竹ぼうき。ススオトコなどといい、しばらく庭に立てておいて、小正月のドンド焼きの火に入れる。群馬県新治村。昭和46年（1971）12月　撮影・須藤　功

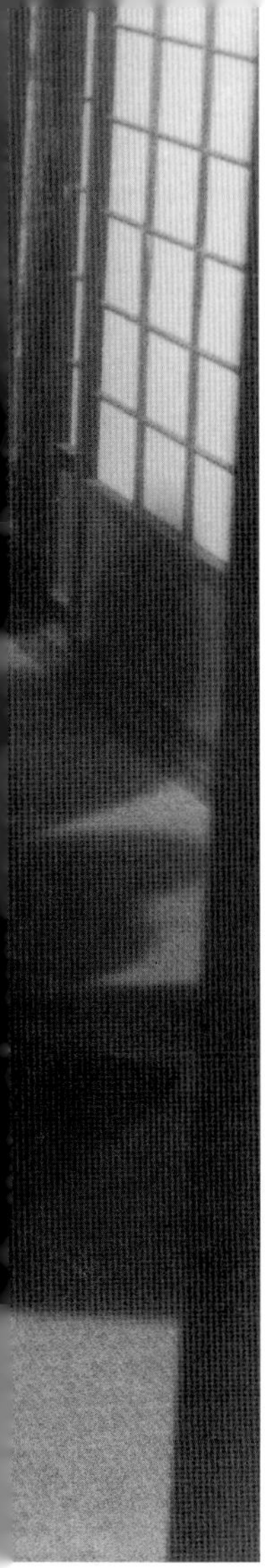

立てた二本の高い杉《すぎ》の下に松枝《まつえだ》を結び、注連縄《しめなわ》を張《は》った門松。支《ささ》えの斜《なな》めのくいをオニウチギという。正月は、祖先《そせん》神でもある正月様を迎《むか》えてともに過《す》ごすとされ、門松は正月様が迷《まよ》わぬように目印として立てた。この二本の杉《すぎ》は秋に稲《いね》をかけ干《ほ》す稲架《はさ》に使われる。群馬県水上町藤原。昭和35年（1960）1月　撮影・都丸十九一

氏神に初詣《はつもうで》に行って帰ってくると、家族そろって福茶を飲む。うしろ向きになっているが、大きな帯をしめた二人の女の子の着物姿《すがた》が、この朝を華《はな》やかにしている。長野県阿智村駒場。昭和32年（1957）1月　撮影・熊谷元一

初春に豊作《ほうさく》を祈《いの》る

めでたいということで、正月はみんなの心をひとつにします。家族がそろって健康で、よい年でありますように、とあらためて願うのも同じです。そこに重ねて仕事が上々であることを祈《いの》ります。農家の人々が祈《いの》るのは何を置いても豊作《ほうさく》です。

　私《わたし》たちの祖先《そせん》は、豊作《ほうさく》への気持ちをさまざまな形で神仏《しんぶつ》に示《しめ》し祈《いの》りました。それが今も行事、祭り、民俗芸能《みんぞくげいのう》として残り伝えられています。

家族で祝う新しい年

　一年の最後の日、大みそかも夕方まではかたづけや正月の準備《じゅんび》で家のなかはあわただしいのですが、年越《としこ》しの料理が並《なら》んだちゃぶ台の前に家族そろって座《すわ》ると、もうあたりに響《ひび》くのは子どもたちのうれしそうな笑い声と、お父さん、お母さんの静かな話し声だけです。テレビはもとよりラジオすらなかったころには、家族がひざをそろえて年を越《こ》し、そろって氏神に初詣《はつもうで》をして帰ってくると、再《ふたた》び顔をそろえて新しい年を祝いました。

　上の写真の長野県の伊那《いな》地方では、初詣《はつもうで》から帰ると、いつも飲んでいる茶を元旦《がんたん》にかぎり「福茶」と呼《よ》び、つるし柿《かき》や干栗《ほしくり》を食べながら飲みました。固い柿《かき》や栗《くり》を食べるのを「歯固め」といいます。歯は年齢《ねんれい》の「齢《よわい》」のことで、自分の齢《よわい》を固める、すなわち健康を守るということでした。

正月11日の朝、田をくわで三回起こし、松の小枝《こえだ》をさして注連縄《しめなわ》を張《は》り、手を合わせて豊作《ほうさく》を祈《いの》る。「初田打《はつたうち》」といい、12個《こ》のもちを供える家もある。静岡県浜松市吉野。昭和39年（1964）1月　撮影・須藤　功

アーボヒーボ

アーボはあわ穂《ほ》、ヒーボはひえ穂《ほ》のことで、その形を木で作り、*小正月《こしょうがつ》に写真のように堆肥《たいひ》や畑に立てて豊作《ほうさく》を祈《いの》ります。

あわもひえも畑で作る雑穀《ざっこく》です。雑穀《ざっこく》とは米と麦以外の穀物《こくもつ》をいい、豆、そば、きび、トウモロコシなどもはいります。そのなかで特にこのあわとひえが形作られるのは、米、麦に代わるだいじな主食だったからです。田のない山村では、米の飯を口にできたのは正月と盆《ぼん》、それに葬式《そうしき》のときぐらいで、いつもはあわ、ひえを主に、サツマイモ、そば、きびなどを食べていました。

それなら米を作っている農家では、いつも米の飯を腹《はら》いっぱい食べていたかというと、山村とそれほど違《ちが》いませんでした。あわ、ひえは農山村を問わずだいじな雑穀《ざっこく》だったのです。

*小正月《こしょうがつ》　元旦《がんたん》からの三ヵ日を大正月として、一月一五日を小正月《こしょうがつ》といい、この前後には各地にさまざまな行事が行なわれる。

堆肥《たいひ》に立てたアーボヒーボ。畑で作るあわ穂《ほ》（右）、ひえ穂《ほ》（左）を形どったもので、堆肥《たいひ》に豊作《ほうさく》の願いを託《たく》して小正月に立てた。立てる場所は家によって異《こと》なる。群馬県北橘村真壁。昭和47年（1972）1月　撮影・須藤　功

山の斜面《しゃめん》の畑にさし立てたアーボ。群馬県中里村間物。昭和47年（1972）1月　撮影・須藤　功

かしの木を20センチメートルほどの長さに切り、三段《だん》重ねにして束ねた「福俵《ふくだわら》」。右の断面《だんめん》には、麦、小麦、栗《くり》、桃《もも》、柿《かき》、左には、福、徳《とく》、大、満、生、喜と書いてある。小正月に作って恵比須《えびす》、大黒《だいこく》に供《そな》え、これらが俵《たわら》いっぱいになるように願った。田のないところなので米は記されていない。静岡県水窪町奥領家。昭和45年（1970）2月　撮影・須藤　功

花いっぱいの願い

梅や桜《さくら》などの満開の花を見て、私《わたし》たちきれいだなとしか思いませんが、祖先《そせん》は少し違《ちが》い、たくさんの花が咲《さ》くとそれだけ実がなる、豊作《ほうさく》になると思っていました。その満開の花に稲《いね》の花の思いを重ねていたからです。たとえば桜《さくら》の花が散るのは稲《いね》の花が散ること、すなわち不作に通じるとして、散らないように神仏《しんぶつ》に祈《いの》りました。鎮花祭《ちんかさい》といわれる祭りです。桜《さくら》の咲《さ》くころ京都の今宮神社で行われる「やすらい祭り」は、その祈《いの》りの形を今に伝えています。

初春の行事、祭り、民俗芸能《みんぞくげいのう》には、作りものの花がよく使われます。その代表といってよいのは小正月の「もち花」です。ついたもちをそのまま、あるいは着色してまるめて小枝《こえだ》の先にさし、あたかも満開の花のように作り、座敷《ざしき》に飾《かざ》ったり、米俵《こめだわら》にさし立てたりします。米俵《こめだわら》にもち花をさし立てた左の写真はその気持ちをよく表わしています。

もち花は養蚕《ようさん》の盛《さか》んなところでは「繭玉《まゆだま》」といいます。そこでは繭玉《まゆだま》や桑《くわ》の葉の形も作ります。いうまでもなく蚕《かいこ》がよく育ち、たくさんの繭《まゆ》ができるようにと願うものです。もち花や繭玉《まゆだま》はドンド焼きの火で焼いて食べます。

俵《たわら》いっぱいの米、麦、あわ、ひえを座敷《ざしき》にうずたかく積みあげる、それも豊作《ほうさく》の願いです。上の写真は、恵比須《えびす》・大黒《だいこく》の前に供《そな》えた福俵《ふくだわら》です。木で作った小さな福俵《ふくだわら》ですが、豊作《ほうさく》を願う気持ちは同じです。昭和三〇年代あたりまでは、木の断面《だんめん》にあわ、ひえも書かれていていたはずです。この写真の撮影地《さつえいち》はそれを主食にしていたところだったからです。

積みあげた米俵《こめだわら》を飾《かざ》る小正月の繭玉《まゆだま》。つきたてのもちで作り、小枝《こえだ》の先にさしつけたもの。ここでは、花もち、団子《だんご》、稲穂《いなほ》を含《ふく》めて繭玉《まゆだま》と呼《よ》んでいる。新潟県松之山町天水島。昭和29年（1954）1月　撮影・中俣正義

かゆで占《うらな》う豊凶《ほうきょう》

囲炉裏《いろり》の自在《じざい》かぎにかけたなべでかゆを炊《た》きます。そのとき一緒《いっしょ》に長さ三寸《さんずん》（約九センチメートル）ほどの細い竹筒《たけづつ》を入れておくと、そのなかにかゆがはいります。はいる量は一定ではありません。その竹筒《たけづつ》を一本ずつ取り出して、「米」とか「大根」とかいいながら棒《ぼう》でかゆを押《お》し出し、その量で新しい年のそれぞれの作物のでき具合を占《うらな》います。結果は印刷して参拝《さんぱい》にきた農家の人に配ります。天気予報《よほう》などなかった時代には、その結果は農作業の目安になりました。

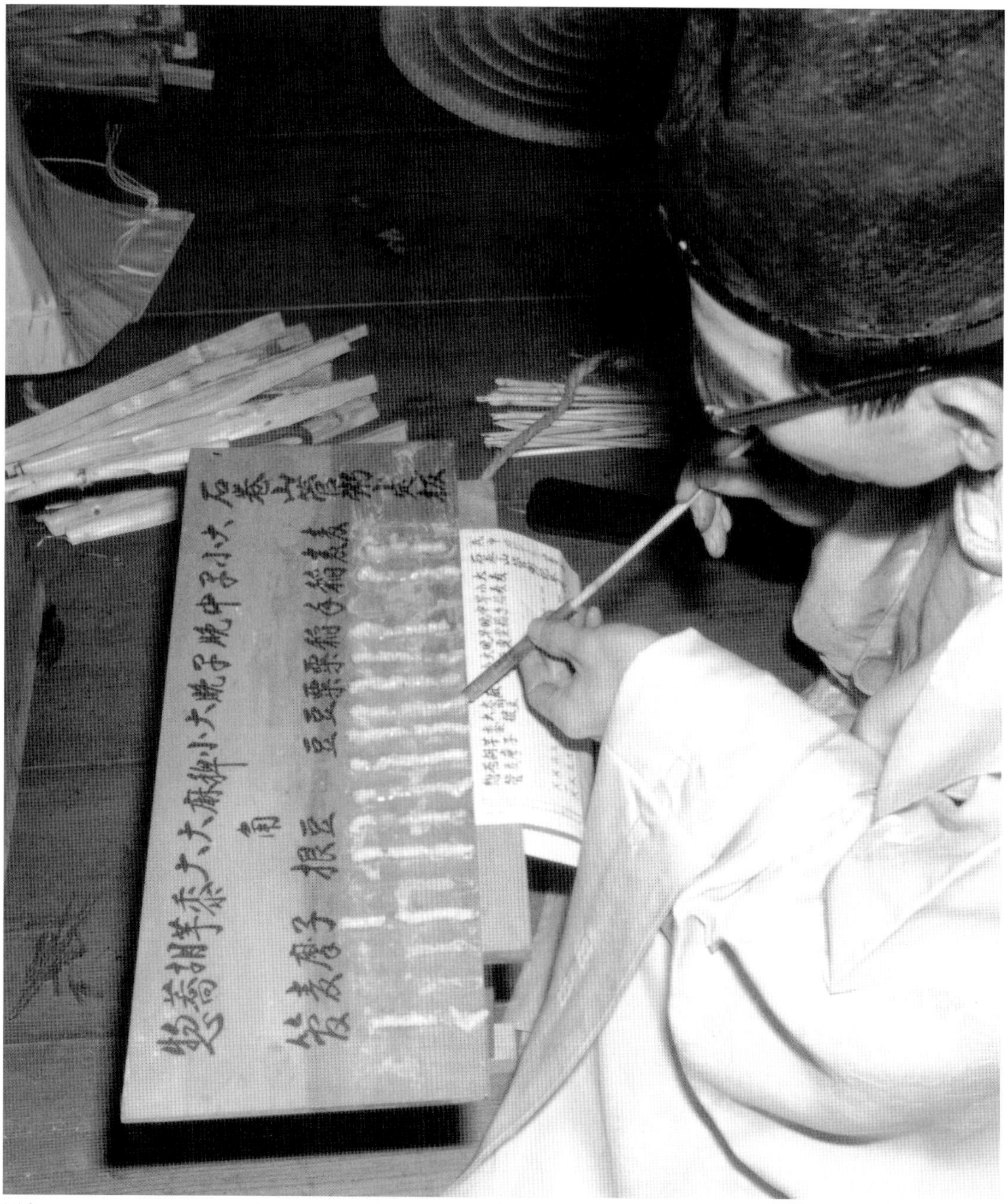

竹筒《たけづつ》にはいったかゆを、判定《はんてい》板に記した作物名の下に押《お》し出《だ》し、かゆの量で吉凶《きっきょう》を占《うらな》う。神官が押《お》し出《だ》しているのは大豆《だいず》の占いで、この年は中のできということだった。ちなみに米の早稲《わせ》は下、中手は大吉《だいきち》、晩稲《おくて》は中という結果が出た。愛知県豊橋市石巻・石巻神社。昭和43年（1968）2月　撮影・須藤　功

囲炉裏《いろり》のなかから、「これは1月」などといいながら先達《せんだつ》と呼《よ》ぶ代表者が燃《も》えている木片《もくへん》を適当《てきとう》に拾い出し、その燃《も》え具合で月ごとの天候を占《うらな》う。神奈川県秦野市東田原。平成3年（1991）1月　撮影・須藤　功

一年の天候を占《うらな》う

かゆによる占《うらな》いは「筒《つつ》がゆ神事」、「かゆ占《うらない》」、「管《くだ》がゆ」などといい、今も各地で行なわれています。写真の秦野《はだの》市東田原では「筒《つつ》がゆ神事」といい、天候占《うらな》いと合わせて行なわれます。右の結果の初めに記された「浅間大神」とは、富士山《ふじさん》を神の山として信仰《しんこう》する宗教《しゅうきょう》の神です。筒《つつ》がゆ神事は富士《ふじ》講《こう》の講員《こう》によって行なわれ、その神が示《しめ》された結果がこうです、ということです。

天気予報《よほう》は今でも難《むずか》しいように、天候の占《うらな》いは全国にわずかしか伝わっていません。

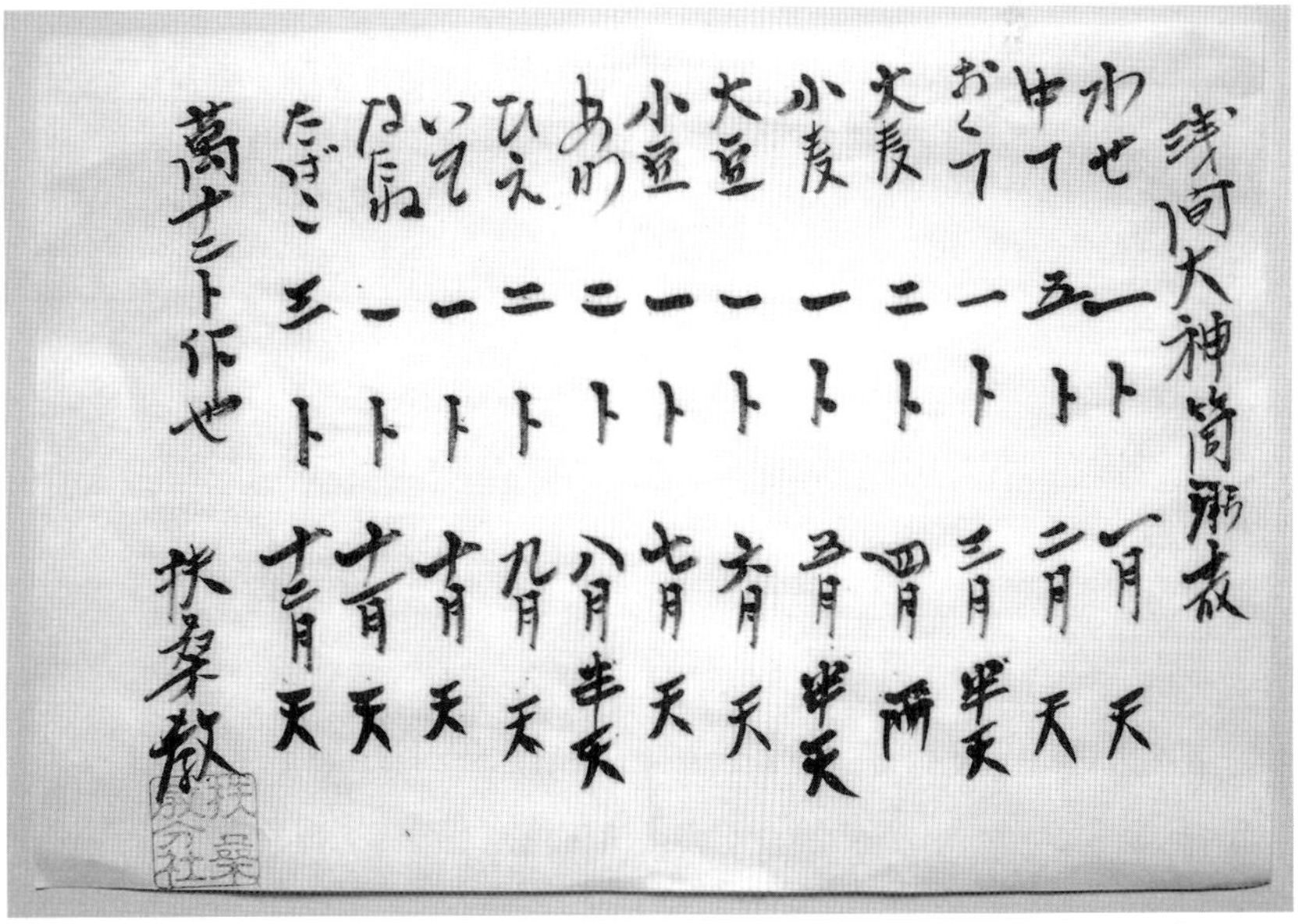

平成3年（1991）の筒《つつ》がゆと天候占《うらな》いの結果。竹筒《たけづつ》に米でも小豆《あずき》でも20粒《つぶ》はいっていれば一ト、35粒《つぶ》はいっていれば六トとし、あとは数によって先達が判定《はんてい》する。下段《かだん》の天候の天は晴、中天は曇《くもり》ということである。神奈川県秦野市東田原。平成3年（1991）1月　撮影・須藤　功

女の子が手にするのはふくらみのあるハラミバシ。小正月の朝、小豆飯《あずきめし》を食べるときに使う。稲《いね》がよくはらみますように、すなわち豊作《ほうさく》であるように、という願いをこめたはしである。これを使うときは、みそ汁《しる》が熱くても吹《ふ》いてはならない、吹《ふ》くと稲《いね》が稔《みの》るころに風が吹《ふ》くといった。使ったあととっておき、苗代《なわしろ》の水口にさし立てた家もある（130頁《ぺーじ》）。群馬県吾妻町本宿。昭和45年（1970）1月　撮影・須藤　功

雪を田に見立て、田植えをする小正月の「庭田植え」。柴木《しばき》のなかにひときわ目立つのは暮《く》れの大掃除《おおそうじ》に使った「ススハキボウ」。この場所は新しい年のよい方角をいう「あけの方角」である。雪の庭が田なら、苗《なえ》はわら、それだけではなく、豆殻《まめがら》を野菜、柴木《しばき》を果樹《かじゅ》としてさし、それらの豊作《ほうさく》もあわせ祈《いの》る。秋田県中仙町鶯野。昭和42年（1967）1月　撮影・大野源二郎

田は雪の庭

「田遊び」（一〇六頁《ページ》）と呼《よ》ばれる民俗芸能《みんぞくげいのう》があります。神社の拝殿《はいでん》や境内《けいだい》、太鼓《たいこ》の皮面を田に見立て、米作りの過程《かてい》を真剣《しんけん》に、ときには狂言《きょうげん》風におもしろおかしく演《えん》じます。

呼《よ》び名《な》は「田楽《でんがく》」、「田植祭り」、「御田《みた》」、「打植祭り《うちうえまつり》」と違《ちが》うものの、一月から三月にかけて、同じような民俗芸能《みんぞくげいのう》が各地にあります。秋田県にだけはこの「田遊び」はなく、小正月に雪の庭を田とする、上の写真の「庭田植え」という行事があります。

庭田植えでは稲《いな》わらを苗《なえ》に見立てて雪に植えます。田遊びでは松葉や、冬でも葉が緑のユズリハなどを苗《なえ》にします。もの真似《まね》というにはためらいがありますが、こうして田植えのさまを真似《まね》ることで、神さまが農家の人の豊作《ほうさく》を願う気持ちをくみ取ってくれる、と考えているのです。

庭田植えは田植えだけですが、田遊びでは田植えの前に、田起こし、代かき、種まき、鳥追いなどがあり、田植えのあとには稲刈《いねか》りがあって、最後に豊作感謝《ほうさくかんしゃ》の舞《まい》をまいます。

南西諸島《しょとう》には初春のこのような行事や民俗芸能《みんぞくげいのう》は少なく、稲刈《いねか》りあとの豊年祭《ほうねんさい》（一七八頁《ページ》）が多くなります。雪の庭で田植えを行なっているとき、沖縄《おきなわ》などではもう実際《じっさい》に一回目の田植えをしているからでしょう。

12月5日、「田の神様、ご苦労さまでございました。お迎《むか》えに参りましたので、お出ください」と主人は唱え、目に見えない田の神を丁重《ていちょう》に迎《むか》え家に案内する。昭和40年（1965）12月
写真撮影はいずれも御園直太郎

アエノコト

アエノコトのアエは「饗《あえ》」、もてなすという意味、コトは神事のことで、田の神に秋に収穫《しゅうかく》した新しい穀物《こくもつ》を捧《ささ》げもてなすことだとされます。

米作りを見守ってくれる田の神は、春に山から里にお出でになり、秋に再《ふたた》び山に帰られるといわれています。能登《のと》半島のこのアエノコトを行なう地域《ちいき》でも、かってはそうだったようですが、いつのころからか一二月五日に田の神を家に迎《むか》え、二月五日に送るようになりました。でももてなすということに変わりはありません。そのもてなしは、客人に対する以上に丁重《ていちょう》です。

一二月五日には、田の神に供《そな》えた赤飯を家族全員で少しずつ分け、「ひと束《たば》から七升《しょう》（約一〇キログラム）あがりますように」と唱えて食べました。ひと束《たば》から七升《しょう》はあり得ないのですが、豊作《ほうさく》へ大きな願いをしているのです。

家に迎《むか》えると、「熱くないですか、ぬるくないですか」といって風呂《ふろ》にもはいってもらう。昭和40年（1965）12月

12月5日に迎《むか》えた田の神はそのまま家にとどまるとされ、2月5日に再《ふたた》びもてなしをして田に送る。床《とこ》の間《ま》のある座敷《ざしき》にござを敷《し》き、そこに二股《ふたまた》大根をのせた種籾《たねもみ》の俵《たわら》を二つ、その前にぜんを用意する。もてなす主人は、ぜんの料理をこれはどういうものかひとつずつ説明する。田の神は土中にいて目が不自由になっているからだという。昭和46年（1971）2月

米作りの過程《かてい》を演《えん》じる田遊びの「代かき」。「ベラベラもち」というのを口にくわえ、四つんばいになっているのが牛役で、鼻取りと後取りのかけ声で、田に見立てた太鼓《たいこ》の間を何回も往復《おうふく》する。この写真には写っていないが、左のほうに農家の人々がいて、牛役が元気に往復《おうふく》すると今年も豊作《ほうさく》だ、と安心する。愛知県設楽町田峰。昭和40年（1965）2月　撮影・須藤　功

稔《みの》りを願う遊び

庭田植え（一〇三頁《ページ》）では雪の庭を田としました。それが民俗芸能《みんぞくげいのう》の「田遊び」では、太鼓《たいこ》を立てて置き、その皮面を田に見立てます。上にのっているのは田遊びのくわで、細長い板の先に鏡もちをはさんであります。

田遊びはそれだけが独立《どくりつ》しているものもありますが、「田楽《でんがく》」と呼《よ》ばれる民俗芸能《みんぞくげいのう》のなかに組みこまれているものもあります。

愛知県設楽町田峰《しだらちょうだみね》に伝わる、田楽《でんがく》に組みこまれている田遊びの次第は二一番あって、そのなかには「大足《おおあし》」という、なんだろう、と思う名前のものもあります。大足《おおあし》は春の草木を肥料《ひりょう》として田に入れて（一四四頁《ページ》）踏《ふ》むとき、足につける板で作った下駄《げた》のことです。

田峰《だみね》の田楽《でんがく》は、鎌倉《かまくら》時代からつづいているといわれます。当時の米作りがそのまま取り入れられているはずです。でも昭和三〇年代あたりまでの米作りは、鎌倉《かまくら》時代とそれほどの違《ちが》いはありません。大足《おおあし》もまだありました。上の写真は代《しろ》かきの光景ですが、これもそのころの実際《じっさい》の代《しろ》かきの、牛、鼻取り、後取り（代《しろ》かきの農具を持つ）を、ひとりが牛になりきって演《えん》じています。

田遊びの「遊び」は、神仏《しんぶつ》に感謝《かんしゃ》の気持ちを伝え、あらたに豊作《ほうさく》を願うために演《えん》じる芸能《げいのう》を意味しています。神仏《しんぶつ》とともに歌い、舞《ま》い、踊《おど》り楽しいひとときを過《す》ごすのです。そのためにその日にかぎり、遠慮《えんりょ》なく酒を飲むことも許《ゆる》されていました。

各地に伝わる民俗芸能《みんぞくげいのう》の多くは、みなこの「遊び」です。

米作りの過程《かてい》を演《えん》じる太郎太郎《たろうたろう》祭りの「タネマキ」。神官が神前から船形の容器《ようき》に入れたもみを持ってきてまく。このもみを種《たね》もみに加えると豊作《ほうさく》になるといい、氏子は競って拾う。神官のすぐ前で帽子《ぼうし》を差し出す人もいる。鹿児島県川内市高江。昭和58年（1983）2月　撮影・須藤　功

越後《えちご》三山のひとつ八海山《はっかいさん》（標高一七七五メートル）が、雪晴れの青空にそびえています。

春を待つ山と集落

このあたりはこれまでくる日もくる日も雪だったので、ふもとの山口集落の人も、久《ひさ》しぶりに見る山容《さんよう》でしょう。こんな日は、上越国境《じょうえつこっきょう》の長いトンネルを抜《ぬ》けた太平洋側は逆《ぎゃく》にくもり空か雨降《あめふ》りです。

この集落は八海山り入口にあるので、山口といいます。昭和四〇年（一九六五）度の統計《とうけい》では、五七戸の戸数があって、そのうち四一戸が農業です。田畑を合わせた耕地《こうち》は五三四反歩（約五三ヘクタール）、仮《かり》にすべてを田として、一反（約千平方メートル）の収量《しゅうりょう》を七俵《ひょう》で計算すると、一戸あたりの米の平均収量《へいきんしゅうりょう》は九一俵《ひょう》になります。

一戸に家族が五人とすると、一年間の米の消費量は約一〇俵《ひょう》、それに葬式《そうしき》などつき合いに持っていく米を加えても、保有米《ほゆうまい》は一二俵《ひょう》もあれば十分でしょう。残りの七九俵《ひょう》は供出《きょうしゅつ》できます。昭和四〇年の政府《せいふ》買いあげ米、すなわち供出《きょうしゅつ》米の一俵《ひょう》の値段《ねだん》は六三〇八円でしたから、七九俵《ひょう》で約五〇万円となり、当時ののサラリーマンの年間給与《きゅうよ》よりやや多くなります。写真はそれから一三年後の昭和五二年（一九七七）の撮影《さつえい》ですが、このころに同じように計算すると、給与《きゅうよ》の六割《わり》になります。米より給与《きゅうよ》のほうがずっとあがったからです。

雪晴れの八海山《はっかいさん》と麓《ふもと》の集落。前日まで雪が降《お》りつづいていたのだろう。杉《すぎ》の木にのった雪が落ちていないし、かやぶき寄棟造《よせむねづく》りの屋根に、3月にしては多い雪が残っている。一面の新雪の下は水田、田植えが行なわれるのはまだまだ先である。新潟県六日町山口。昭和52年（1977）3月　撮影・米山孝志

稲《いな》わらで作る

農民は米をあきらめて、わらを取ったといった人がいます。米を作っていながら、自分たちは米を十分に食べられなかったので、残った稲《いな》わらでさまざまな生活用具を作ったというのです。稲《いな》わらはだいじな収穫《しゅうかく》物でした。

わら細工《ざいく》と呼《よ》ばれる、稲《いな》わらの製品《せいひん》には実《じつ》にたくさんのものがあります。体につけるものだけでも、帽子《ぼうし》、雨具のみの、荷を運ぶときの背中《せなか》あて、泥除《どろよ》けの腰《こし》みの、すねに巻《ま》くきゃはん、足に履《は》くわらじ・ぞうり・雪靴《ゆきぐつ》などがあります。今は石油化学製品などで作られたものを買って使っています。

規格《きかく》の厳《きび》しい米俵《こめだわら》

米俵《こめだわら》は稲《いな》わらで作る米の入れものです。一枚《いちまい》に玄米《げんまい》六〇キログラム入れて「一俵《いっぴょう》」と呼《よ》びました。昭和三六年（一九六一）二月の農産物規格規定《きかくきてい》の改正で、同じ稲《いな》わらで作るカマスでもまた紙袋《かみぶくろ》でもよくなるまで、公《おおやけ》の米の入れものは米俵《こめだわら》だけでした。寸法《すんぽう》、編《あ》み方《かた》、わらの重さなどの規格《きかく》があって、特に国に売る供出《きょうしゅつ》米に使う米俵《こめだわら》は検査《けんさ》を受けなければなりませんでした。合格《ごうかく》した米俵《こめだわら》には代金が支払《しはら》われたので、農家では農作業の少ない冬に一枚《いちまい》ずつていねいに編《あ》みました。

ひんやりと冷たい冬の土間で、窓《まど》から差しこむ明かりを頼《たよ》りに米俵《こめだわら》を作る。中央のおばあさんは背《せ》なかに犬の毛皮をつけている。左のお父さんは様子を見にきた。小さな子が柱につかまってちょっとふざけているのは、お母さんの気を引こうとしているのだろう。
秋田県湯沢市。昭和30年代　撮影・加賀谷政雄

縄《なわ》はわら細工《ざいく》の基本《きほん》

左右から二、三本の稲《いな》わらをからませて、農家の人はいとも簡単《かんたん》に縄《なわ》をないます。できるかなと思ってやってみると、稲《いな》わらはよじれずにもどってしまい、縄《なわ》になりません。稲《いな》わらを手の平で転《ころ》がすときの力の加減《かげん》にコツがあるのです。そのコツを覚えて縄《なわ》がなえないと、ほかのわら細工《ざいく》はできません。

お母さんはもうだいぶ長くなっているので、うしろに送った縄《なわ》がかなりの量になっています。腹《はら》をすかしたらしい二人の子は、お母さんにさいそくしています。お母さんはあとどのくらいなったなら、食事の準備《じゅんび》にとりかかるのでしょう。

農作業はむろんのこと、わら細工《ざいく》にも欠くことのできなかった縄《なわ》は、農家の人でなうことのできない人はまずいなかった。特にわら細工《ざいく》をしない日でもわら縄《なわ》だけはなった。秋田県山内村。昭和53年（1978）10月
撮影・佐藤久太郎

上のさおに数多くつるしてあるのは田畑の仕事に履《は》くわらじ。ゴム長靴《ながぐつ》などと違《ちが》い、泥《どろ》田に一度はいるとたいていダメになったから、これもわら縄《なわ》と同じように暇《ひま》があると作ってためておいた。下の桟《さん》には枝《えだ》打ちなた、のこぎり、せんていばさみなどがさしてある。新潟県六日町欠之上。昭和29年（1954）3月　撮影・中俣正義

雨や雪の日に着るわらみのを編《あ》む。雨水が染《し》みこまないように、ていねいに細工しなければならなかったので、一着に一週間ほどかかった。そのため農作業に追われることのない冬の仕事になった。主な材料は稲《いな》わらだが、スゲ、クバ（ビロウ）などの草でも作った。手間はかかったが、わらのしんで作ったみのはもっとも上質《じょうしつ》でしかも長持ちした。新潟県山古志村小松倉。昭和46年（1971）2月　撮影・須藤　功

農作業に必要だったむしろは、何に使うかによって作り方が違《ちが》った。材料のわらをたたいて柔《やわ》らかくして編《あ》むか、たたかないで編《あ》むか、また編《あ》む器具を使うか、使わないかということである。写真はたたいたわらを器具で編《あ》むハネムシロ、収穫《しゅうかく》した作物を干《ほ》したり脱穀《だっこく》したりするときに使った。群馬県六合村入山。昭和44年（1969）3月　撮影・須藤　功

みの、背中《せなか》あて、荷縄《になわ》などを雪にさらす。朝出して夕方しまうのではなく、一週間ほどこうしておいたまま雪さらしにする。雪解けが始まって日中はかなり暖《あたた》かいが、夜はまだ寒い。その寒暖《かんだん》の差がわらを緻密《ちみつ》にして、さらに柔《やわ》らかに丈夫《じょうぶ》にするという。シャベルを肩にする人は、彼岸の入りに墓参りの準備に行く。新潟県松之山町黒倉。昭和52年（1977）3月　撮影・小見重義

役立つ雪

都会に住む人は涼《すず》しい夏、暖《あたた》かい冬を喜びます。でも農家の人は夏は暑く、冬にはいつものように雪が降《ふ》ってくれないと困《こま》ります。稲《いね》は夏に穂《ほ》が伸《の》びて花を咲《さ》かせます。この穂《ほ》の出る前後の二、三週間の天気が不順で、二〇度以下や日照不足になると、花粉ができなかったり、受粉ができなかったりして、米は稔《みの》らなくなります。

「涼《すず》しいですね、毎日」

「いやー、困《こま》ったもんですな。冷害が心配です」

道で出会った農家の人が、そんなあいさつを交《か》わすときは、ジリジリと焼けつくような夏の太陽を待っているときです。

八海山《はっかいさん》（一〇八頁《ぺーじ》）にはたくさんの雪が積もっていました。ふもとの集落の人はそれを見て、山は今年もたくさんの水を貯《たくわ》えている、と安心します。春がくると雪は解《と》けて流れ、田をうるおしてくれるからです。八海山《はっかいさん》とはかぎらず、また雪が積もる積もらないは別にして、古来、山は稲《いね》を育てる水を生む霊地《れいち》として、人々は山を仰《あお》ぎ見て感謝《かんしゃ》してきました。

でも、里に降《ふ》る雪はしばしばやっかいものにされてきました。降《ふ》りつづいた雪は道をふさぎ、屋根に積もった雪はおろさなければなりません。どんよりと重い雪雲は気をふさぎます。それだけに、春近い日ざしに雪が照り返るようになると、胸《むね》を広げて走りまわりたいような気持ちになります。

雪の季節に家に閉《と》じこもって作った、みのや荷縄《になわ》、雪靴《ゆきぐつ》などを雪にさらすのはこのころです。家族の数だけ新調する家もあれば、数を少なくして、ていねいに長く使えるみのを作る家もあります。その仕上げとして雪さらしをします。

わら製品《せいひん》を雪にさらすとよいという知恵《ちえ》は、祖先《そせん》の生活の知恵《ちえ》を疑《うたが》いなく受《う》け継《つ》いだものです。

軒下《のきした》につるしたみのと荷縄《になわ》。この場合は雪さらしではなく、寒気にさらすということになろうか。新潟県高柳町。昭和56年（1981）　撮影・米山孝志

手のこんだ作りの雪靴《ゆきぐつ》を棒《ぼう》くいにつるし、寒気にさらしている。雪靴《ゆきぐつ》は意外に温かいが、ぬらすとなかなか乾《かわ》かないので、水には気をつけなければならなかった。一日履《は》いた夜は囲炉裏《いろり》の火棚《だな》にのせて乾《かわ》かした。新潟県松代町。昭和58年（1983）　撮影・米山孝志

東北地方ではみのを一般《いっぱん》にケラという。神社の縁日《えんにち》には自分で作ったケラを売る人もいた。客に内側を見せて、細かにしっかり作ってあることを説明している。実用品のケラがどうにか売れたのはこの昭和34年あたりまでだった。秋田県羽後町杉宮。昭和34年（1959）1月　撮影・佐藤久太郎

市で売る野菜とみの

市は品物を交換《こうかん》したり売ったりするところをいいます。いつもある店と違《ちが》い、市はきまった日か不定期に、また祭りの日などに立ちます。

今でも朝市は観光地やスーパーなどに立ちます。朝はやくから、朝どりの野菜などを作った農家の人が並《なら》べて売っています。

スーパーもなければ、自動車もそれほど走っていなかったころの朝市は、街の大通りに露天《ろてん》商がずらっと並《なら》びました。

左上の写真の二、三の野菜を並《なら》べて立っているのは、近隣《きんりん》の村からきたおばあさんです。荷を背負《せお》って朝暗いうちに家を出て、歩いてきました。冬は左下の写真のように、大根、ごぼう、人参《にんじん》といった根菜《こんさい》がほとんどですが、夏はまさに朝どりの青野菜がたくさん並《なら》びました。夏は長持ちしないので、町の人は買った新鮮《しんせん》な野菜をその日のうちに食べて、またつぎの日に買いにきました。今なら冷蔵庫《れいぞうこ》の保冷《ほれい》庫に入れておけば、二、三日してからでも食べられますが、冷蔵庫《れいぞうこ》はまだありませんでした。

「縁日《えんにち》」ともいう社寺の祭りの日にも、参道に市が立ちました。売るものが朝市と少し違《ちが》い、菓子《かし》や刃物《はもの》、衣類が多く、その間に農家の人がわら細工《ざいく》や木工品を並《なら》べました。

上の写真はさしずめ「みの屋」です。自分で作ったみのを客に説明しています。

わら細工《さいく》は細工の上手、下手、それに目に見えないところにどれだけ手を入れたかによって、使いよいか、長持ちするかがきまります。

顔に手ぬぐいを巻《ま》いてスキー帽《ぼう》をかぶり、マントの上にみのを着たお父さんは、自分の腕《うで》のたしかなことを強調しながら、みのを売りこんでいます。

雪の日の朝市。すげかさにマントを着た左の人が売り手、自家で作った大根、かぶ、ごぼう、ねぎなどを並《なら》べている。ねぎを買った手かごの人がつり銭《せん》をもらっている。秋田県湯沢市。昭和30年代　撮影・加賀谷政雄

朝市を横手ではタチマチといった。左の洋品店の右に三軒《けん》の野菜売りがいるが、どこまでがそれぞれの店なのかわからない。客がこれといったところで、それは私《わたし》の店のものということになる。人参《にんじん》、ごぼう、大根、ねぎ、左の丸いものはキャベツだろうか。いずれも本当にささやかな店である。秋田県横手市。昭和30年代　撮影・佐藤久太郎

米作りに熱心な農家は研究心も強く、たがいに種もみを交換《こうかん》して植えてみた。同じ品種でも苗代《なわしろ》、田の土質《どしつ》、肥料《ひりょう》、水の温度と加減《かげん》、日照時間などによって収穫《しゅうかく》量が異《こと》なる。そこから何をどう改良したらよいのか、それを見つけ出すのに、種もみの交換《こうかん》は役立った。長野県阿智村駒場。昭和32年（1957）1月　撮影・熊谷元一

第四章

米作りの知恵と人の手

大きな模様《もよう》の野良着にてぬぐいかぶり、馬の面《つら》というかさをかぶってみのを着た娘《むすめ》、これから稲刈《いねかり》りに行く。田畑の仕事、特に米作りに女性《じょせい》がこぎれいな野良着を着るしきたりは、東北地方に遅《おそ》くまで残った。秋田県大曲市内小友。昭和30年（1955）10月　撮影・佐藤久太郎

解《と》けた雪が、夜の寒気で凍《こお》ったカタユキの上を、堆肥《たいひ》を積んだそりが行く。前の者がそりにつないだひもを肩《かた》にかけて引き、うしろの者があと押《お》しをする。カタユキは10時を過《す》ぎるとまた解《と》けてしまうので、朝早くからみんなで運び、遠くの田から雪の上に堆肥《たいひ》を置いた。秋田県横手市。昭和30年代　撮影・佐藤久太郎

ていねいに作る苗代《なわしろ》

「苗代《なわしろ》半作」とか「苗《なえ》半作」とかいいました。豊作《ほうさく》になるかどうか、米作りは苗《なえ》のよしあしによって半分はきまるというもので、苗《なえ》を育てる苗代《なわしろ》をていねいに作り、種をまく日も選びました。苗代《なわしろ》は「水苗代《なわしろ》」が長くつづき、戦争が終わったあとに「保温折衷苗代《ほおんせっちゅうなわしろ》」が急速に普及《ふきゅう》しました。水苗代《なわしろ》は全面に浅く水を張《は》った田に、種を投げ入れるようにまくもので、種まきは風のない日の朝を選びました。種が風に飛ばされたり、一ヵ所にかたまって落ちないようにするためです。

保温折衷苗代《ほおんせっちゅうなわしろ》は、短冊《たんざく》型に盛《も》った泥《どろ》に種をまき、油紙（のちにビニール）で覆《おお》って保温《ほおん》し、芽が伸《の》びてから水を張《は》るものです。保温《ほおん》折衷苗代《せっちゅうなわしろ》によって早く種まきができるようになり、北国の米作りは大きく進展《しんてん》しました。苗《なえ》のよしあしは、苗代《なわしろ》の土のよしあしによってきまるので、農家は苗代《なわしろ》の土作りに力をそそぎました。

春近く堆肥《たいひ》を運ぶ

三月になって日ざしが強くなると、雪の表面は解《と》けます。水分が多くなった表面は、夜の寒気でカチカチに凍《こお》ります。その状態《じょうたい》をカタユキなどといい、それまでは歩くことができなかった深い雪の上を、朝一〇時ごろまでは思いのまま歩けるようになります。右上の写真は、そのカタユキを利用してそりで堆肥《たいひ》を田に運んでいるところです。、能率《のうりつ》よく、同じ方向にある田にみんなで協力して順番に運びました。

そりで運んで雪の上に置いた堆肥《たいひ》は、雪が解《と》けて田にはいるが、苗代《なわしろ》は雪解《ゆきど》けを待たずに作り始めるので、雪を掘《ほ》って堆肥《たいひ》を入れた。右のお母さんは雪を掘《ほ》り、左のお父さんは、そりの堆肥《たいひ》をシャベルでおろしている。秋田県湯沢市樋。昭和36年（1961）3月　撮影 佐藤久太郎

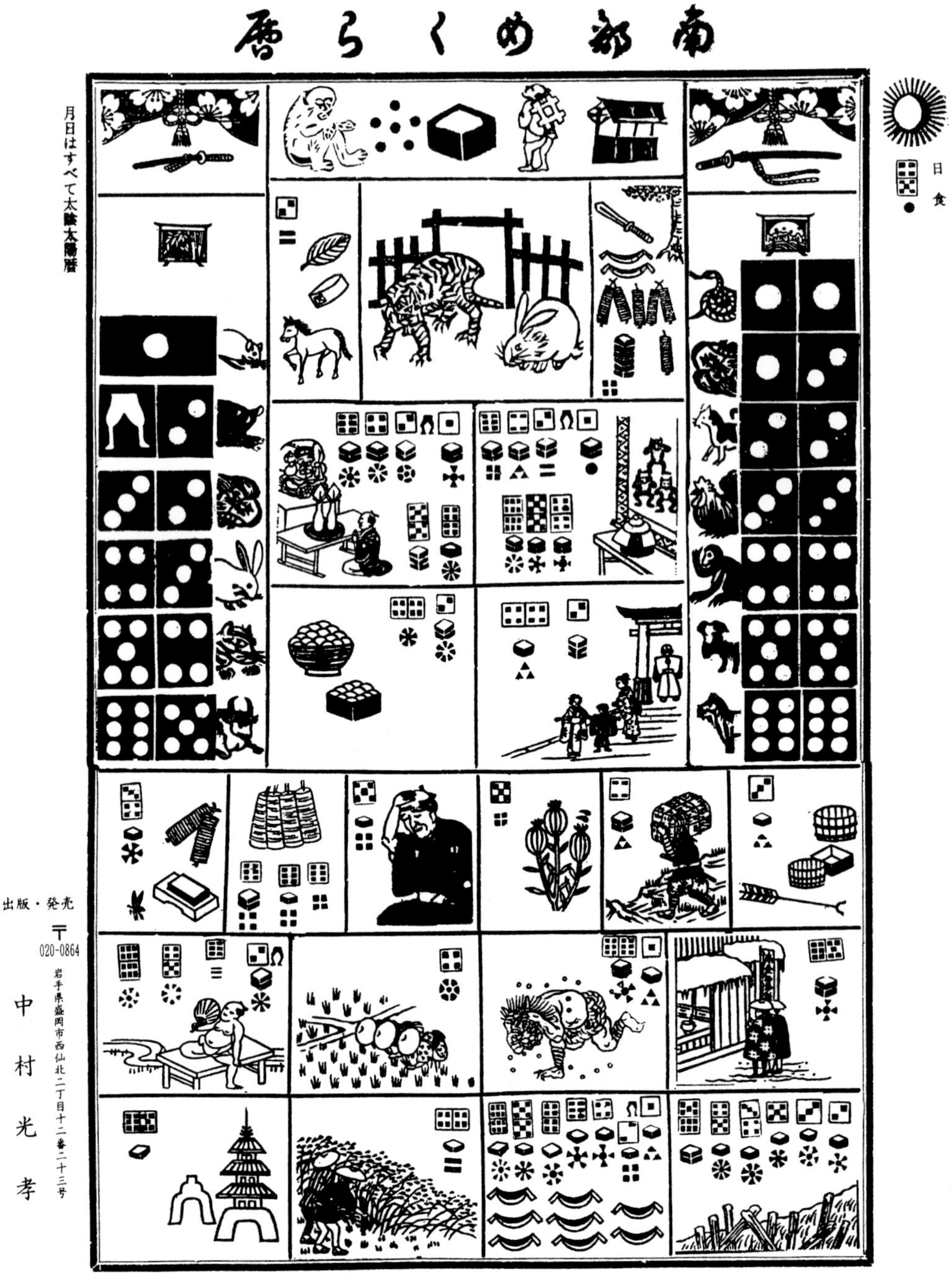

暦《こよみ》と農作業

南部めくら暦《こよみ》の「めくら」は文字を読めない人をいい、そんな人にも農作業の目安となる月日がわかるように、江戸《えど》時代に絵で描《えが》き作られました。

当時は太陰太陽暦《たいいんたいようれき》（旧暦《きゅうれき》ともいう）でした。月の満欠《みちか》けから割《わ》り出《だ》した月日に、太陽の動きによる二十四節気《せっき》を重ねたものです。農作業はこの二十四節気《せっき》を目安にしていたので、絵もそのなかの特に大切なものが描《えが》かれています。

現在《げんざい》の太陽暦《たいようれき》の知識《ちしき》で太陰太陽暦《たいいんたいようれき》を見ると、おや、と思うものがあります。二十四節気《せっき》は太陽暦《たいようれき》では毎年ほぼ同じ月日にありますが、太陰太陽暦《たいいんたいようれき》では毎年変わり、たとえば立春が正月前にくることはよくありました。

上の中央は塀《へい》と背中《せなか》で平成、四角のものは料理を入れて重ねる重箱で10（以下同じ）、星6つは6、猿《さる》は干支《えと》で、平成16年申の年と読む。その下のウサギとトラは、その間、すなわち東北東がこの年の大吉《だいきち》、方角のよい方向となる。左右のサイコロは二つをたして月を知る。左は日数が29日の小の月で上に小刀、右は30日ある大の月で大刀を描《えが》いている。ネズミやイノシシは、その月の1日の十二支《じゅうにし》。月日は太陰太陽暦《たいいんたいようれき》で、この年は閏年《うるうどし》のため2月が2回あり、小の月の2月に又《また》（人のまたを描《えが》く）を入れてある。下から三段目の荷を背負《せお》っている絵は荷を奪《うば》っている絵で入梅、ケシの花に濁点《だくてん》をつけて夏至《げし》、その左はハゲが生じた絵で半夏生《はんげしょう》である。サイコロの目は月、その下の重箱や星は日である。

苗代《なわしろ》を作るために除雪《じょせつ》する。田植えの月日は毎年ほぼきまっているので、それに合わせて苗《なえ》を作るには、雪の多い少ないはいっていられない。昭和56年（1981）の豪雪《ごうせつ》の年には、雪を掘《ほ》って苗代《なわしろ》の田を出すまでが大変だった。新潟県松代町清水。昭和56年（1981）4月　撮影・小見重義

種もみを選ぶ

苗代《なわしろ》にまく種は、天井裏《てんじょううら》につるして越冬《えっとう》させた種もみ（七四頁《ぺーじ》）です。それを天井裏《てんじょううら》からおろす目安は春の彼岸《ひがん》のころ、太陽暦《たいようれき》では毎年三月二〇日前後ですが、南部めくら暦《こよみ》（一二四頁《ぺーじ》）では、二月二七日が彼岸《ひがん》入りの日になっています。

まず塩水に入れ、浮《う》くもみをすくって除《のぞ》きます。沈《しず》んだままの重い大粒《おおつぶ》のもみのほうが発芽もよく、苗《なえ》の初期の成長も早いからです。選別したもみを消毒してから小型の種もみ俵《だわら》か麻袋《あさぶくろ》に入れ、池や小川に一週間から一〇日間漬《つ》けておきます。

水を吸収《きゅうしゅう》させるためですが、それだけではまだ芽立ちはしません。種まきの二日前ぐらいに水からあげてぬる湯の風呂《ふろ》に漬《つ》けるか、わらのなかに寝《ね》かせてぬるい湯をかけます。そうして白くポツンと芽立ちした種を苗代《なわしろ》にまきます。

新潟県《にいがたけん》では種もみをスジという。水でスジの選別をして左のザルに入れ、さらにゴミがないか調べる。新潟県長岡市蓬平《よもぎひら》。昭和32年（1957）4月　撮影・中俣正義

塩水に入れて浮《う》いた種もみをすくって捨《す》てる。長野県阿智村。昭和31年（1956）　撮影・熊谷元一

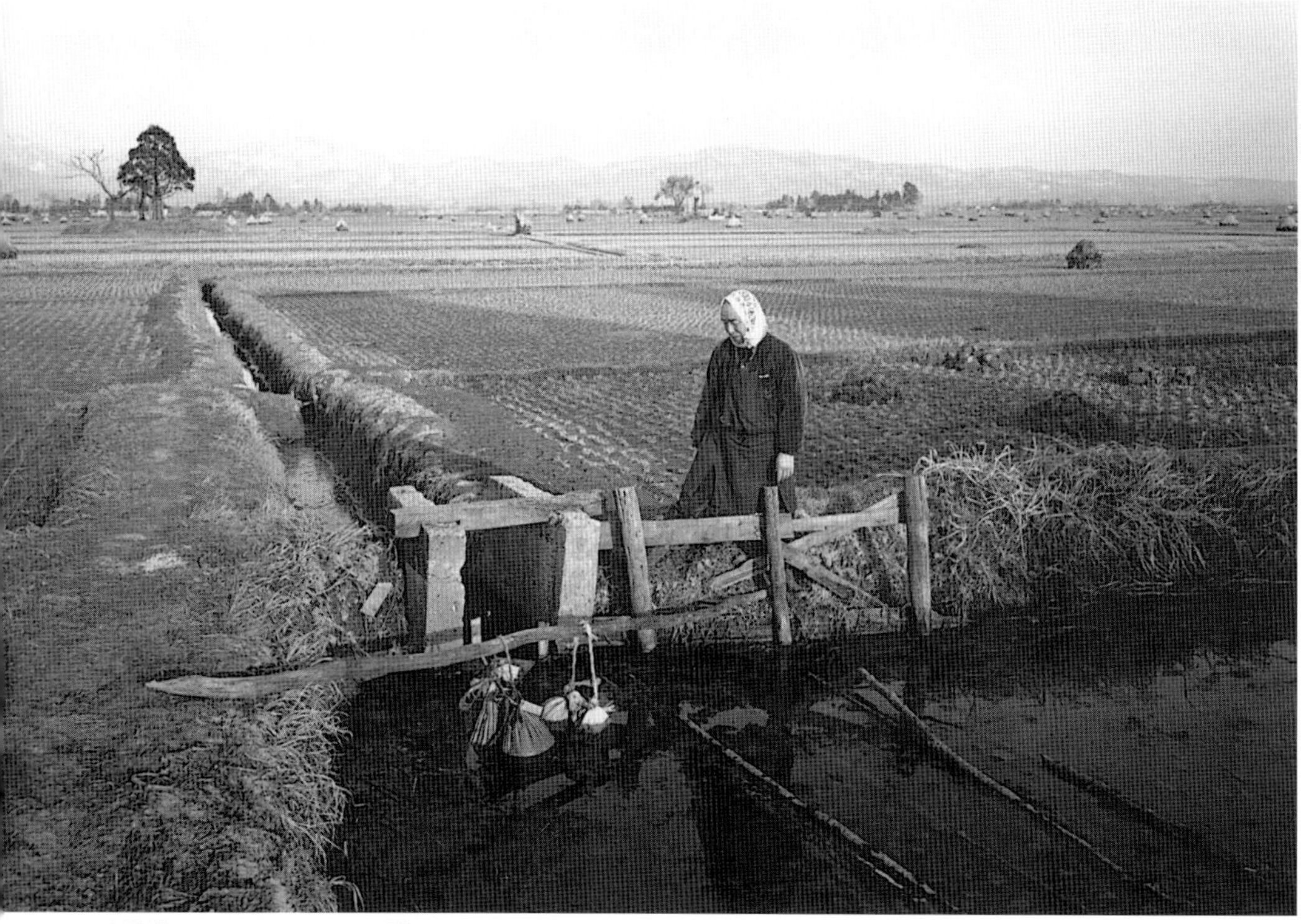

麻袋《あさぶくろ》に入れた種もみを棒《ぼう》にかけてため池の流水口さげる。種もみに水を吸収《きゅうしゅう》させるもので、種まきの2日ぐらい前にあげて、さらにぬるま湯で芽出しさせてまく。秋田県大曲市高畑。昭和41年（1967）　撮影・大野源二郎

雪の田に立ちつくして冬を越《こ》したかかし。仕事はこれから始まる。新潟県松之山町浦田。昭和56年（1981）撮影・米山孝志

冷たい苗代《なわしろ》

苗代《なわしろ》は種もみを水に漬《つ》けている間に作ります。右の写真では、水口側のあぜ塗《ぬ》りを終え、少しずつ水を流し入れながら、前年の稲《いね》の切《き》り株《かぶ》の残る田を起こし、保温《ほおん》折《せっ》衷苗代《ちゅうなわしろ》を作り始めています。

まだうず高いまわりの雪が解《と》けた水は、長靴《ながぐつ》が役に立たないほどの冷たさです。長靴《ながぐつ》のないころは素足《すあし》が普通《ふつう》で、すぐがまんの限度《げんど》を越《こ》えました。それに耐《た》えるにはひたすらくわを振《ふる》い、体を熱くしつづけるほかありませんでした。

どうにか雪を除《のぞ》いて作る苗代《なわしろ》。ひとりは溝《みぞ》を切り、もうひとりは三本ぐわで田を起こしている。あぜはできているが、雪が消え、水がたまって温かくなるまでは、冷たい水のなかでの作業がしばらくつづくことになる。新潟県松代町寺田。昭和56年（1981）　撮影・米山孝志

「地球をなでまわす」、米作りを見てそういった人がいる。土を丹念《たんねん》に心をこめて手で砕《くだ》く姿《すがた》は、あたらずともはずれてはいないだろう。よい苗《なえ》を育てて、たくさんの米をとりたい、その気持ちがあると地球をなでる作業も苦にならない。長野県阿智村駒場。昭和35年（1960）　撮影・熊谷元一

土を手でほぐす

「上質《じょうしつ》のおいしいようかんを思わせるような土を作る」。これはよい苗《なえ》を育てるためにいわれた、苗代《なわしろ》の土作りの格言《かくげん》です。

「田打ち」といってくわを田に打ちこんで引くと、大きな土のかたまりができます。それをくわの後部でたたいて砕《くだ》くこともありますが、そのままつぎつぎとくわを打ちこんでいくこともあります。そうして一枚《いちまい》の田を起こすと、水を流し入れてしばらくそのままにしておきます。田植えをする田は、そこに牛か馬に土を細かく砕《くだ》くマンガを引かせて代《しろ》かきをします。

でも短冊《たんざく》型の苗代《なわしろ》では牛や馬による代《しろ》かきはできません。苗床《なえどこ》の両側に切った溝《みぞ》が埋《う》まってしまうからです。写真のように手で土をていねいにほぐします。

化学肥料《ひりょう》を使うようになるまで、苗代《なわしろ》には堆肥《たいひ》と下肥《しもごえ》を入れていました。下肥《しもごえ》は人の大小便です。汲《く》み取ったものをすぐ入れるわけではなく、肥《こえ》つぼにしばらく寝《ね》かせたものをまき入れました。それでも分解《ぶんかい》されない大便があって、土のなかに混《ま》じっています。それも手でほぐします。少しでもかたまりがあると、肥《こえ》むらができたり、肥《こえ》やけしたりして根がよく張《は》れなくなるからです。

苗代《なわしろ》ができて種もみの準備《じゅんび》も整うと、種まきをします。保温折衷苗代《ほおんせっちゅうなわしろ》の場合、風の心配は水苗代《なわしろ》ほどではありません。まいた種を網《あみ》ローラーなどで押《お》さえて、苗床《なえどこ》の土に密着《みっちゃく》させ、保温《ほおん》の効果をよりよくするために、焼いたもみ殻《がら》をのせます。左上の写真のお父さんは、種まき後もみ殻《がら》くん炭を入れたちり取りを左手に持って種をまいています。左下の写真のお母さんは、もみ殻《がら》くん炭を入れたミを左腰《ごし》に抱《かか》え、右手のザルでふるいながら振《ふ》りかけています。

この苗代《なわしろ》のまわりにもまだ雪が残っています。

この家には子どもが3人いて、みんな農作業をよく手伝った。でもこの苗代《なわしろ》作りと種まきは親だけで行なった。新潟県山古志村梶金。昭和46年（1971）5月　撮影・須藤　功

谷間に作った苗代《なわしろ》に、ウツギが芽吹《めぶ》くころ種まきをする。このあとこの上にある田を作り、田植えをするころにはちょうどウツギの花（卯《う》の花《はな》）が咲《さ》き、カッコウと一緒《いっしょ》にホトトギスもしきりに鳴く。新潟県山古志村梶金。昭和46年（1971）5月　撮影・須藤　功

こんなに雪があってもできる。保温折衷苗代《ほおんせっちゅうなわしろ》が、戦後、北海道、東北地方の寒冷地で急速に普及《ふきゅう》した理由が、この写真を見ているとわかるのではないかと思う。
新潟県松之山町浦田。昭和56年（1981）　撮影・米山孝志

苗代《なわしろ》とハラミバシ

上の写真は、保《ほ》温折衷苗代《おんせっちゅうなわしろ》を油紙で覆《おお》っているところです。黒いのは種の上にのせたもみ殻《がら》くん炭です。このあと油紙が風で飛ばされないように縄《なわ》で押《お》さえます。

まわりの雪はいつなくなるのかと思うほどで、まだこんなに雪が残っているときに苗代《なわしろ》に種をまくなどということは、水苗代《なわしろ》では考えられませんでした。

左の写真は、苗代《なわしろ》の水口に立てたハラミバシとカユカキボウです。ふくらみをもたせて削《けず》ったハラミバシは、稲《いね》がよくはらむ、すなわち稔《みの》り豊《ゆた》かでありますようにという願いをこめて、小正月に小豆《あずき》がゆを食べました（一〇二頁《ページ》）。

上に十字の刻《きざ》みのあるカユカキボウは、小正月に、十字の刻《きざ》み下向きになべで炊《た》いた小豆《あずき》がゆの上を軽くなで、ついたかゆの多少で稲《いね》の豊凶《ほうきょう》を占《うらな》いました。

豊作《ほうさく》を願って立てたハラミバシとカユカキボウ。花を立て米などを供《そな》えて祈《いの》るところもある。群馬県北橘村三原田。昭和44年（1969）5月
撮影・須藤　功

保温折衷苗代《ほおんせっちゅうなわしろ》を考案した荻野豊次《おぎのとよじ》。穴《あな》の開いた長靴《ながぐつ》を履《は》いて南穂高《ほたか》で保温折衷苗代《ほおんせっちゅうなわしろ》の指導《しどう》をかねて種をまく。長野県穂高町松野にて。昭和30年代　提供・(社)農山漁村文化協会

保温折衷苗代《ほおんせっちゅうなわしろ》

まだ雪が残るときに種まきができるようになった保温折衷苗代《ほおんせっちゅうなわしろ》は、長野県軽井沢町《かるいざわまち》の荻野《おぎの》豊次《とよじ》（写真上）によって考案されました。長野県農事試験場でいろいろ改良を加え、戦後まず北海道、東北地方で普及《ふきゅう》し、寒冷地での米作りを進展《しんてん》させました。その後、稲《いね》の早期栽培《そうきさいばい》法のひとつとして九州などの暖地《だんち》に広がります。保温折衷苗代《ほおんせっちゅうなわしろ》は、発芽、苗《なえ》立ちがよく、かける資材《しざい》、労力も少なく、育苗《いくびょう》の妨《さまた》げになるミミズ、アオミドロなどの発生を防《ふせ》ぐこともできました。

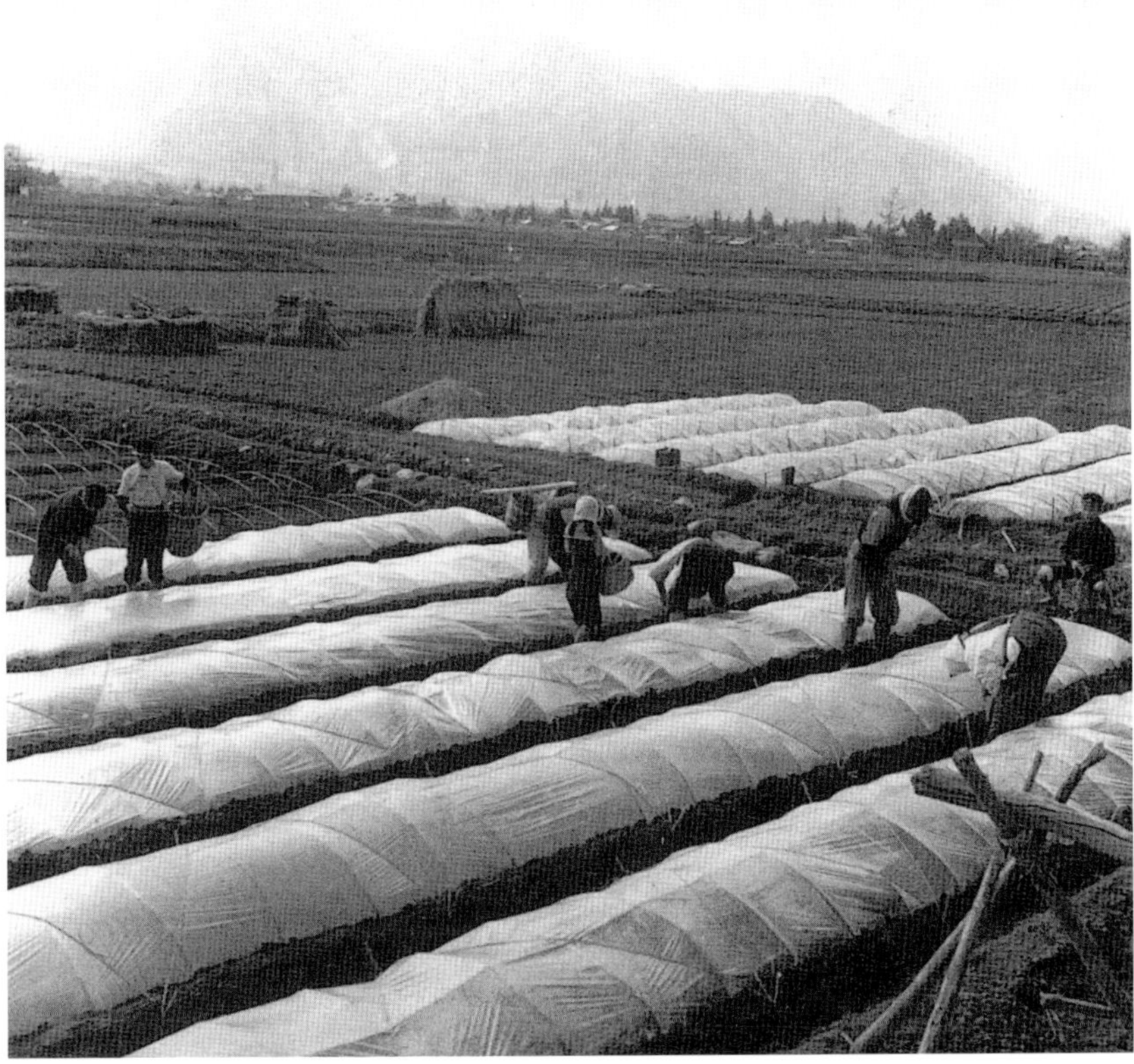

保温折衷苗代《ほおんせっちゅうなわしろ》の覆《おお》いは、油紙からその後ビニールに変わる。ところがビニールだと温かくなり過《す》ぎて芽が焼けるため、竹を半円形にさして覆《おお》うようになった。長野県穂高町松野。昭和33年（1958）4月　提供・(社)農山漁村文化協会

新潟県《にいがたけん》の白山（標高1012メートル）に、桃《もも》の花が咲《さ》くころに現《あらわ》れる「種まき入道」。新潟県村松町。昭和50年（1985）5月　撮影・斉藤義信

左の写真の「種まき入道」図。斉藤義信著《さいとうよしのぶちょ》『図説雪形』より。左頁《ぺーじ》の下図も同じ。

保温折衷苗代《ほおんせっちゅうなわしろ》が考案されるまで、どこでも見られた水苗代《なわしろ》の種まき。均一《きんいつ》にまかないと苗《なえ》が不ぞろいになるため、風などに気をつけながら慎重《しんちょう》にまいた。雪形は水苗代《なわしろ》の種まき時期を知るよい目安になった。秋田県湯沢市三関。昭和36年（1961）4月　撮影・佐藤久太郎

新潟県《にいがたけん》の二王子岳《にのうじだけ》（標高1421メートル）には雪形が25も現《あらわ》れる。その一部で、1はサギの首、2は山の字形、3はいかり形である。いずれも新発田市から見たものだが、雪形は土地の人によく聞かないとその形がわからない場合が多い。昭和50年（1985）5月　撮影・斉藤義信

雪形で知る農始め

春になると山の雪も解《と》けて消えます。そのとき、地形や樹木《じゅもく》のあるなしで早く消えるところと、いつまでも残るところがあります。それがいろいろな形に見えます。牛、馬、鳥の形だったり、種まきをするおじいさんの姿《すがた》だったりします。それを「雪形」といいます。「雪の紋章《もんしょう》」と呼《よ》ぶ人もいます。

雪はその年の寒暖《かんだん》によって、消える速度が違《ちが》うので、雪形の現《あらわ》れる月日も毎年変わります。早く現《あらわ》れると暖《あたた》かく、遅《おそ》いと寒いということになります。暖《あたた》かなら種をまくのを早くできるし、寒ければ遅《おく》らせなければなりません。雪形はその時を教えてくれるのです。

農家の人が一番知りたいのは、苗代《なわしろ》に種をまく時期です。保温折衷苗代《ほおんせっちゅうなわしろ》が普及《ふきゅう》する前の水苗代《なわしろ》では、その判断《はんだん》を誤《あやま》ると苗《なえ》が育たないこともありました。そのため、種まき時期に現《あらわ》れる雪形を「種まき入道」などと呼《よ》び、これが見えてから種をまきました。

雪国のよく知られた山にはたいてい雪形があり、形もさまざまなものがあります。雪形は自然暦《ごよみ》のひとつです。咲《さ》く花によって作物の種まきやを植える時期を知る花暦《はなごよみ》も、大切な自然暦《ごよみ》でした。

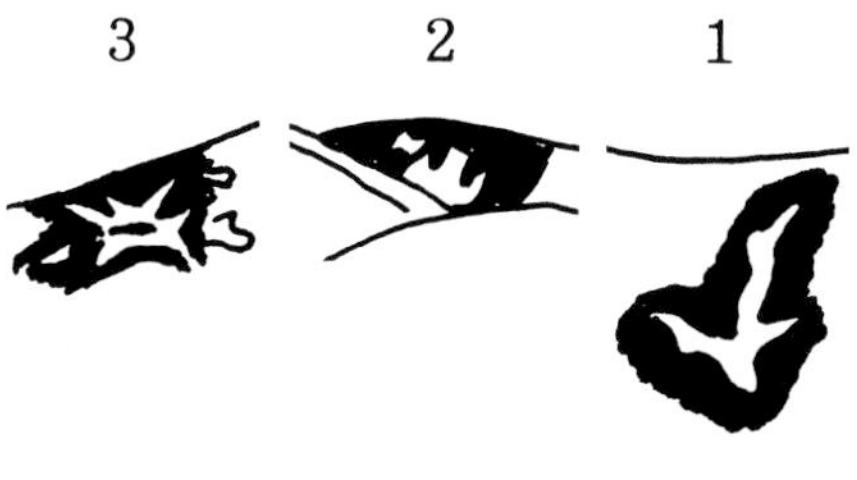

江戸《えど》時代の文化文政《ぶんせい》（1804〜1830）に村のみんなで作った用水路。山から引いているので落葉の量も多く、春の掃除《そうじ》は大変である。今はコンクリートにしたので少しは楽になったという。新潟県松之山町天水島。昭和55年（1980）6月　撮影・小見重義

助け合った米作り

エンジンつきの機械が使われる前は、農作業のほとんどは人の手によってなされました。特に田植えと稲《いね》刈《か》りは大勢《おおぜい》の人手を必要としたので、身近にいるしんせきはもとより、隣《となり》近所の助けを借りました。

田植えや稲刈《いねか》りを仲間が一緒《いっしょ》になって自分の家の田が終わったら、今度は助けにきてくれた人の家の田へを行くというように、金を払《はら》うのではなく、同じ労働で返すのです。それをユイといいました。「結《ゆい》」と書きます。「労働交換《こうかん》」ともいわれます。

ユイはたいてのところにありました。これがあったから、機械がなくても米作りができたのです。

まず用水路の掃除《そうじ》

稲《いね》には水稲《すいとう》と陸稲《りくとう》（「おかぼ」二〇八頁《ぺーじ》）があります。水稲《すいとう》は文字が示《しめ》すように水で育てる稲《いね》で、その田を「水田」といいます。この本では、国内の稲《いね》はほとんどが水稲《すいとう》なので、水田を略《りゃく》して田と書いています。

新しく田をひらくとき、まずたしかめたのは、水を引くことができるかどうかということでした。水量が多いときは、最初に水を引いた人に水を分けてくださいとお願いして、その田の下流に田をひらきました。山の斜面《しゃめん》に階段状《かいだんじょう》に連なる棚田《たなだ》は、そうしてひらかれた田が少なくありません。同じ流れの水を田に入れているので、水利組合を作り水の管理をします。その仲間がそのままユイの仲間という場合もあります。

春がきて米作りが始まるころになると、まず組合のみんなで用水路の掃除《そうじ》をします。落葉などを取り除《のぞ》いて流れをよくするのです。上の写真の用水路は、そうした掃除《そうじ》を二〇〇年ほどつづけてきました。このごろは落葉以外のゴミも増《ふ》えているそうです。

上の道路を自動車が走る、その下のコンクリートの用水路をみんなで掃除《そうじ》する。ここには落葉ではなく、自動販売《はんばい》機で売っている飲料水の空《あ》き缶《かん》や牛乳《ぎゅうにゅう》パックなどが捨《す》てられている。右側の田はこれから田起《たお》こしのようである。
熊本県熊本市。昭和50年代　撮影・白石　巌

広々とした大きな田に、ひたすら三本ぐわ打ちこんで起こす女たち。手ぬぐいのほほかむりにすげがさ、野良着の足にきゃはんをつけて地下足袋《じかたび》を履《は》いている。くわを握《にぎ》る手に軍手をはめている。はるか後方に同じ樹高《じゅこう》で並《なら》ぶのはハンノキ、稲架《はさ》などに利用する。新潟県巻町。昭和30年（1955）5月　撮影・中俣正義

田を起こす

水田には「湿田《しつでん》」と「乾田《かんでん》」があります。乾田《かんでん》は稲刈《いねか》り前に水を落とすと畑のように乾《かわ》く田です。湿田《しつでん》は水はけが大変わるく、一年中、稲刈《いねか》りのときにもなお水のある、泥沼《どろぬま》ような田でした（一七二頁《ぺーじ》）。上の写真の新潟県《にいがたけん》の蒲原《かんばら》平野は、国内でも有数の湿田《しつでん》地帯でしたが、戦後の土地改良事業で乾田《かんでん》となりました。

この地帯では田を一番耕、二番耕と二度に分けて起こします。一番耕は刃《は》が三本ある三本ぐわを、一回に稲株《いなかぶ》の二株《かぶ》分ずつ打ちこんで起こします。二番打ちともいう二番耕は、一番耕で起こした土のかたまりを三本ぐわで砕《くだ》きながら起こします。一般《いっぱん》に田起こしは男の仕事ですが、写真では女です。横に並《なら》んでいっせいに行なうと、力量がはっきり出て、遅《おそ》い人はつらい思いをしました。

左下の写真は「馬耕《ばこう》」といい、馬にすきを引かせて田を起こしています。人が三本ぐわで起こす何倍もの能率《のうりつ》です。九州などでは古くから行なわれていた馬耕《ばこう》の技術《ぎじゅつ》が東北地方に伝えられるのは、湿田《しつでん》が改良されて乾田《かんでん》になる明治時代になってからです。牛に引かせたところもあります。

しばらく田を彩《いろど》ってくれたレンゲ草《そう》を刈《か》り取《と》り、田の肥料《ひりょう》にする。
長野県阿智村駒場。昭和32年（1957）5月　撮影・熊谷元一

三本くわを振《ふる》って田を起こすのにくらべて、その何倍も能率《のうりつ》のあがった馬耕《ばこう》。馬にまたがった少年が手綱《たづな》を引いて方向を転換《てんかん》するが、馬と後取りだけのときには、「ほっ、どうどうどう」などとかけ声をかけて方向を変えた。田起こしのころには、そのかけ声が夕方遅《おそ》くまで聞こえてきた。岩手県平泉町。昭和42年（1967）5月　撮影・須藤　功

夜明け近く、甲高《かんだか》い声で「コケコッコー」と鳴くのを一番鶏《いちばんどり》といい、農家の人はその声で起きて朝飯前にひと仕事した。写真の男たちもそのひと仕事を終えてのもどりらしい。石川県金沢市郊外。昭和30年代　撮影・棚池信行

汲み取った大小便を肥《こえ》つぼに入れてだいぶ経《た》ったものでも、田畑にまくとかなり遠くまでにおう。それを「田舎《いなか》の香水《こうすい》」などといった。二人が背負《せお》っているのも田舎《いなか》の香水《こうすい》の元で、自分の家の便所からくみ取ったものだろう。長野県阿智村。昭和24年（1949）　撮影・熊谷元一

まだ自動車がまれにしか通らなかったころには、農村のたいての道は子どもの遊び場になっていた。出会った二人が道の真ん中で立ち話しというのも珍《めずら》しくはなかった。秋田県湯沢市郊外。昭和40年代　撮影・加賀谷政雄

農具をかつぐ

右上の写真のなかのお父さんは、馬に引かせて田起こし（一三七頁《ページ》）をするすきを肩《かた》にかついでいます。

人影《ひとかげ》の長さや田の氷などから、浅い春の朝のようです。それにしても、ちょっとふしぎに思うことがあります。背後《はいご》の左の田は白く光って照っているのに、右の田は光っていません。写真の角度なのかなと思って丹念《たんねん》に見たのですが、そうでもなさそうです。左の田は水がたまって薄氷《うすごおり》の張《は》っていたのかもしれません。

右のお父さんは肩《かた》に三本ぐわをかついでいます。くわの柄《え》にかけた、左手の下にさがっているのはわらじです。水はけのわるいぬかるんだ田を、滑《すべ》らないようにわらじを履《は》いて起こしてきたのでしょう。三本ぐわにも土がベッタリついています。まだ暗いうちに出かけてひと仕事終え、これから朝飯を食べに帰るところです。前を歩く男の子は、きっとお父さんたちを迎《むか》えに行ったのです。

右下の写真は、下肥《しもごえ》おけを背負子《しょいこ》で背負《せお》い、田に行くところです。うしろの長く伸《の》びた柄《え》は、下肥《しもごえ》を田にまくときに使うひしゃくです。

上の写真は、田へ行く途中《とちゅう》、ちょっと立ち止まって話をしていたところです。道端《みちばた》で子どもが遊び、そばでおばあさんが何するわけでもなく座《すわ》っている、よく見かけた光景です。

右のお母さんは、シャベル（柄《え》しか見えない）と一緒《いっしょ》に「えぶり」の長い柄《え》を肩《かた》にのせています。牛、馬が代かきをしたあとに、「えぶり押《お》し」といって田面を平にならすのに使います。そのときかたまって残っている土は細かに砕《くだ》きます（一四〇頁《ページ》）。お母さんは麦わら帽子《ぼうし》を重ねたすげ笠《がさ》をかぶり、野良着によく似《に》た布地《ぬのじ》の胸《むね》あて前掛《まえか》けをしています。

田植えのころまで、田のまわりはにぎやかでした。

戦場でも田畑でも、働く馬と人とは人馬一体だった。人と馬の呼吸《こきゅう》が合わないと、狭《せま》い田のなかをすきやマンガを引いてまわることはできなかった。秋田県湯沢市山田。昭和35年（1960）5月　撮影・佐藤久太郎

田をかきならす

上の写真は馬で、左は牛で代《しろ》かきをしています。*マンガという農具を引かせて土を細かく砕《くだ》いているのです。土を細かくドロドロにしたほうが稲《いね》がしっかり根付き、また水もちのよくなります。

手前の田はすでに代《しろ》かきを終え、えぶり押《お》しを始めています。田面に凹凸《おうとつ》があると田植えがやりにくいばかりではなく、水の深さにもむらができて、深いところは水がよどみ根が腐《くさ》りやすくなり、浅いところは雑草《ざっそう》が生えやすくなります。

牛のほうにはかじを取る鼻取りがいます。牛の鼻輪に結んだ長い棒《ぼう》を取って牛を引きまわすのですが、意外に大変な仕事です。田の隅々《すみずみ》までマンガがはいるように、考えながら誘導《ゆうどう》しなければならないからです。また右にまわそうとしても、牛は反対の左に曲がろうとがんばって、手こずることもあります。

鼻取りは男女を問わずだれが取ってもよいのですが、写真の鼻取りは、学校へ行くときの学童服を着ているので小学生です。群馬県《ぐんまけん》では七歳《さい》になった子どもにやらせました。それは家族の働き手のひとりになれるかどうか最初の試練で、「七つ泣き鼻取り」などといいました。

*マンガ　一六〇頁《ぺーじ》参照。

少年は握《にぎ》った棒《ぼう》に力を入れて、牛を向かって左のほうに行かせようとしている。すきが斜《なな》めになり、起こして盛《も》りあげた土のうねからはずれかけたからである。長野県阿智村。昭和28年（1953）5月　撮影・熊谷元一

正面は黒姫山（標高1222メートル）、南にそびえる。田は初め谷間にひらき、それから東（左）と北（手前）の斜面《しゃめん》に広げた。西（右）も少しだけひらいた。新潟県松代町清水。昭和54年（1979）12月　撮影・米山孝志

山の田

腹《はら》いっぱいとはいかないまでも、せめて一年に何回かは米の飯を口にしたい。山村の人々はその夢《ゆめ》のために懸命《けんめい》に田をひらきました。

山の田はかける労力も大変なら、冷害に弱く、そのうえ収穫《しゅうかく》量も少ないという悪条件《あくじょうけん》の重なる米作りです。それだけに収穫《しゅうかく》の喜びは大きく、神への感謝《かんしゃ》の気持ちも、平地で米作りをする人より強いくらいでした。民俗芸能《みんぞくげいのう》の田遊び（一〇六頁《ページ》）の伝承《でんしょう》地は、意外に思うほど山里に多いのです。

牛や馬、耕運機《こううんき》が身動きできないような小さな田が、階段状《かいだんじょう》に上までつづいている。新潟県入広瀬村横根。昭和53年（1978）撮影・米山孝志

垂直《すいちょく》に落ちる崖《がけ》の上の三角田。左につづく崖《がけ》上にも田がある。新潟県山古志村中野。昭和55年（1980）5月　撮影・米山孝志

尾根筋《おねすじ》に一枚《いちまい》だけの三角田。米を食べたいという気持ちが伝わってくる。宮崎県西都市銀鏡。昭和44年（1969）12月　撮影・須藤　功

海ぎわまで田のある能登《のと》の千枚田《せんまいだ》。あぜの切れこみから、水が下の田に流れるようになっている。石川県輪島市白米町。昭和43年（1968）5月　撮影・御園直太郎

草木を刈《か》って田に入れた刈敷。肥料《ひりょう》にするもので、こうしてしばらくおいてから、足に「大足《おおあし》」という板状《いたじょう》のものをつけて踏《ふ》みこむ。静岡県水窪町奥領家。昭和44年（1969）5月　撮影・須藤　功

山形県の白竜《はくりゅう》湖のまわりにあった広大な湿田《しつでん》の「しびふんづけ」。前年の稲刈《いねかり》りのあとの切株《きりかぶ》を、足につけた「網《あみ》かんじき」で踏《ふ》みこむ。田はかなり深く、かんじきをつけていてもひざまでもぐる。山形県南陽市赤湯。昭和35年（1960）5月　撮影・錦　三郎

田が広く、えぶり押《お》しでは時間がかかるため、長い棒《ぼう》で田をならす。棒《ぼう》か浮《う》かないように土をのせている。秋田県本庄市石沢。昭和31年（1956）6月　所蔵・早川孝太郎

田に踏《ふ》みこむ若葉《わかば》

一三六頁《ページ》の田起こしをする写真には、はるか後方にほぼ同じ背丈《せたけ》の木が並《なら》んでいます。用水路沿《ぞ》いに植えられたハンノキです。秋にはこの木に横ざおを四、五段《だん》結び、刈《か》った稲《いね》をかけます。稲架《はさ》にするのです。

春に代《しろ》かきが始まると、この木の若葉《わかば》や枝《えだ》を折って田に入れます。山から刈《か》ってきた若葉《わかば》や若草《わかくさ》も右上の写真のように田に入れます。下肥《しもごえ》と合わせて肥料《ひりょう》にするもので、刈敷《かりしき》といい、これを大足《おおあし》というもので泥《どろ》のなかに踏《ふ》みこみます。

右下の写真は足に「網《あみ》かんじき」というものをつけて、稲《いね》を刈《か》り取《と》ったあとに残る稲株《いなかぶ》を田に押《お》しこんでいます。刈敷《かりしき》を踏《ふ》みこむ大足《おおあし》は、この網《あみ》かんじきとほぼ同じ大きさの板です。

上と横の写真は、よめとしゅうとが一緒《いっしょ》に長い棒《ぼう》を引いて田をならしています。

向かって右がしゅうと、左がよめ。よめはしていないが、しゅうとは目だけ出して顔を覆《おお》うハナガオをしている。秋田県本庄市石沢。昭和31年（1956）6月　所蔵・早川孝太郎

水車はそれぞれ田の持ち主の手製《てせい》らしく、基本《きほん》の作りは同じだが細かなところに違《ちが》いがあった。下流までずっずと並《なら》んでいて、田のなかの工場を見るようだった。高知県中村市。昭和49年（1974）5月　撮影・須藤　功

水車とポンプ

水の流れを利用してまわす水車には、水揚《みずあげ》用と米つき用があります。上の写真は水揚《みずあげ》用で、手前から向こうに流れる用水路にすえられています。

水揚《みずあげ》用の水車には工夫をこらしたいろいろな作りがあり、この水車の場合は、回転枠《わく》の先の板に直径七、八センチメートルの竹筒《たけづつ》をつけ、水車が回転して流れを通るときに、竹筒《たけづつ》に水がはいるようにしてあります。

右まわりにあがった竹筒《たけづつ》の水は、頂上《ちょうじょう》の少し手前からこぼれ出ます。水は受け箱からパイプを伝わり、田へつづく水路に流れます。竹筒《たけづつ》がつぎつぎに水をあげてくるので、残った水は頂上《ちょうじょう》から左へ下降《かこう》を始めたときこぼれ、用水路へ落ちています。

こうした水車は人手を必要としませんが、用水路の流れがいつも豊《ゆた》かで、田を持つ人ならだれでも自由に利用できるところでないとすえられません。

田の水は、自然の流れを引いている場合がほとんどでした。そんな流れの水は少なく、夏の日照りで水不足となることがしばしばありました。そのために、同じ水を分けあう仲間が話し合ってきめた約束があって、水は自由に使えませんでした。

左の写真は、少女が「ふいご」と呼《よ》ばれる揚水機《ようすい》で水をあげています。箱の先が用水路にはいっていて、両手で握《にぎ》るポンプを押《お》して手前に引きもどすと水があがり、手前の口から自分の家の田につづく水路に水がこぼれます。あがってくる水はわずかで、これから田植えをする田に十分な水を入れるには時間がかかります。

少女は自分の足の長さいっぱいにうしろに座《すわ》っている。「ふいご」と呼《よ》ぶ揚水《ようすい》機がかなり長く、それに合わせたポンプも長いため、ポンプを押《お》して手前に引く間を長く取った。秋田県大曲市笑ノ口。昭和35年（1960）
撮影・大野源二郎

同じ高さにそろって伸《の》びた保温折衷苗代《ほおんせっちゅうなわしろ》の苗《なえ》。一歩遅《おく》れて苗《なえ》取りをするお母さんの右の苗《なえ》の上に、取った苗《なえ》をしばるわらが置いてある。秋田県湯沢市。昭和38年（1963）6月　撮影・佐藤久太郎

苗《なえ》取り

保温折衷苗代《ほおんせっちゅうなわしろ》にまいた種は、二週間から三週間で三〜四・五センチメートルに伸《の》びます。覆《おお》っていた油紙を押《お》しあげ始めるので、油紙をはずして床面《とこめん》の上まで水を入れます。以後は、稲《いね》の品種、気温、入れた肥料《ひりょう》、種をどのくらいの密度《みつど》でまいたかで異《こと》なり、北国ではだいたい三〇日から三五日で田植えができる苗《なえ》になります。

苗《なえ》取りは、広い田を持っている家では前日から始めましたが、たいていの家は田植え当日の朝早くから、田植えをする人全員でかかりました。苗《なえ》取りも田植えと同じくらい手間がかかるので、大勢《おおぜい》で進めました。

苗《なえ》取りは苗代《なわしろ》から苗《なえ》を抜《ぬ》き、片手《かたて》で握《にぎ》れるほどの束にしてしばります。束に稲《いな》わらを巻《ま》いて、わらの端《はし》を巻《ま》いたわらの間にはさみます。簡単《かんたん》ですがはずれることはなく、植えるときはわらの端《はし》を引くとすぐほどけます。

上の写真の手前では、野良着のスネッコデダチはいたお母さんたちが、腰《こし》を曲げて苗《なえ》取りをしています。座《すわ》って苗《なえ》取りをするところもありました。向こうの二人のおじいさんも苗《なえ》取りをしているのですが、カメラに気を取られているのか、真剣《しんけん》に仕事をしているようには見えません。

苗代《なわしろ》は苗《なえ》の成長をいつでも見ることができるように、家の近くに設《もう》けました。田植えをする田は離《はな》れているため、取った苗《なえ》は運ばなくてはなりません。左上の写真のように苗《なえ》を田舟《たぶね》で苗代《なわしろ》から出し、下の写真のように苗《なえ》かごに入れて、てんびん棒《ぼう》で田植えをする田に運びました。

二人の少年が苗《なえ》を積んで運ぶ田舟《たぶね》は、畳《たたみ》一枚ほどの板に高さ約10センチメートル側板をつけたもの。水のある湿田《しつでん》では稲刈《いねか》りのときにも、刈《か》った稲《いね》を運ぶのによく使われた。新潟県西川町曽根。昭和37年（1962）5月　撮影・中俣正義

苗代《なわしろ》からあげたばかりの苗《なえ》は水を含《ふく》んでかなり重く、田へ運ぶのはたいてい男の仕事だった。京都市左京区大原。昭和45年（1970）5月　撮影・須藤　功

筋《すじ》引き

列の幅《はば》や株間《かぶま》を一定にきめて植えないと稲《いね》の生育もむらになり、草取りや害虫の駆除《くじょ》、稲《いね》刈《か》りなどの作業の能率《のうりつ》があがりません。そこで間隔《かんかく》を入れたひもや定規《じょうぎ》を置いたり筋《すじ》を引いたりして、縦横《たてよこ》とも見た目にもきれいに植えます。

定規《じょうぎ》や筋《すじ》引きの道具は地域《ちいき》によってさまざまです。

泥《どろ》がついていて見えにくいが、株間《かぶま》を示《しめ》すひもを一定間隔《かんかく》で結んだ棒定規《ぼうじょうぎ》を、一列ごとにずらして、うしろ向きに植えている。3人しかいないが、小さな田で家族だけで十分なのだろう。新潟県新潟市中野小屋。昭和29年（1954）5月　撮影・中俣正義

割竹《わりたけ》を等間隔《かんかく》に並《なら》べて板に打ちつけたスジヒキ。水を張《は》ってからでも引くことができた。宮城県七ヶ宿町湯原。昭和43年（1968）5月　撮影・須藤　功

各地で使われていたワク。六角形の枠《わく》を転がして筋《すじ》をつける。新潟県山古志村。昭和46年（1971）6月　撮影・須藤　功

株間《かぶま》の目印をつけた横縄《なわ》を張《は》り、一列ごとにうしろにさがりながら植えていく。筋《すじ》をつけないで植えるときはすべてうしろさがりになる。苗《なえ》はすでに田に投げ入れてある。岩手県岩手町西法寺。昭和32年（1957）5月　撮影・田村淳一郎

田植えは、左手に持った稲束《いなたば》から右手で苗《なえ》を三本取り、根を土に深くさしこむ。
秋田県横手市三本柳。昭和34年（1959）5月　撮影・佐藤久太郎

ワクを転がして筋《すじ》をつけた田を、前に進みながら植える。手に苗《なえ》がなくなるとあぜから投げてもらう。一本の縦筋《たてすじ》をまたいで左右二本がそれぞれの受持ち範囲《はんい》。秋田県大曲市内小友。昭和30年（1955）　撮影・大野源二郎

水面に映《は》える早乙女《さおとめ》

深い雪を除《のぞ》いて苗代《なわしろ》作りから始めた米作りは、田植えの日を迎《むか》えて最初の頂点《ちょうてん》に達します。三本ぐわを振《ふる》ったのも、手で土をほぐしたのも、下肥《しもごえ》を運んだのも、みなこの日のためでした。

男の人も田植えに加わることもありますが、写真の広い田の、ずっと向こうから休まずに田植えをしてきたのは十数人の早乙女《さおとめ》たちです。いや、乙女《おとめ》とはいえないおばあさんが二人います。それは野良着に柄模様《がらもよう》のないことからわかります。腰《こし》を曲げて植える、背《せ》の柄模様《がらもよう》の大きい人たちは若《わか》い人です。でも年齢《ねんれい》は関係なく、田植えをする女の人を早乙女《さおとめ》と呼《よ》びました。

早乙女《さおとめ》のうち、ひとりのおばあさんを除《のぞ》いて、八人はすげがさをかぶっています。すげがさは日除《ひよ》けにかぶっているのですが、これも早乙女《さおとめ》の正装《せいそう》のひとつだったようです。

田植えのとき、早乙女《さおとめ》は上も下もきれいに洗《あら》った野良着を着ました。野良着の上衣《じょうい》は着物のような作りで、前あわせもあります。その前あわせの下に白い肌《はだ》じゅばんを見せることも忘《わす》れませんでした。そうした野良着の装《よそお》いにすげがさはよく似合《にあ》いました。その姿《すがた》は水面にもよく映《は》えます。

土で汚《よご》れる田植えに、野良着とはいえどうしてそのように装《よそお》うのか、と思うかもしれません。それは田植えは田の神がそばで見ている神聖《しんせい》なもの、と考えていたからです。神社に詣《もう》でるときや祭りに参列するときは、きれいな着物や新らしい洋服を着ます。それと同じです。

この田植えのころは、遠く近くでさえずる小鳥の鳴き声とあいまって、田のまわりが一番にぎやかなときでした。早乙女《さおとめ》たちの話し声と笑い声が絶《た》えなかったからです。ところによっては、田植えのときにはどんなエッチな話も許《ゆる》されていて、嫁《とつ》いで間もない早乙女《さおとめ》などは、顔を赤らめながら、しかし耳を傾《かたむ》けるという光景も見られました。

三人の少年は体格《たいかく》から中学生のように見える。はいている学生ズボンのひざ下をひもでしばっている。泥《どろ》と一緒《いっしょ》にヒルがひざの上にあがらないようにしたものである。泥《どろ》のなかにいる、ミミズを小さくしたようなヒルは、人の皮膚《ひふ》について血を吸《す》い、そこからばい菌《きん》がはいる恐《おそ》れがあった。秋田県湯沢市山田。昭和38年（1963）5月　撮影・加賀谷政雄

少年も一人前

農村はもとより、農家の児童が多い町の学校でも、田植えの忙《いそが》しい六月に田植え休みがありました。一週間ぐらいだったでしょう。

休みの間、農家の子なら手伝うのはあたり前です。大きな苗《なえ》かごを肩《かた》からさげた三人の少年は、並《なら》んで植えてどうやら五メートルほど進みました。

「あぁ、腰《こし》が痛てい」

そういって腰《こし》をたたく少年に、二人が同情《どうじょう》しています。田はこの先にまだだあります。大丈夫《だいじょうぶ》でしょうか。

女の子がいる家では、家でおばあさんと一緒《いっしょ》に昼飯の準備《じゅんび》をしています。にぎり飯をにぎり、湯茶をわかし、前日の夕飯のあと、お母さんが遅《おそ》くまでかかって料理した煮染《にし》めものをもう一度あたため、弟たちにもやかんや湯飲みを持たせて、田植えをしているところにやってきます。

昼の休息。小人数なので、家族と親類の手伝いだけの田植えのようである。田植えの時期には臨時《りんじ》の保育所《ほいくしょ》を設《もう》けるところがあるが、左の三人の子はそろいの園服を着ているから常設《じょうせつ》の保育園《ほいくえん》だろう。秋田県湯沢市。昭和30年代　撮影・加賀谷政雄

田植えの昼どき

田植えをした田のそばで食べる昼飯は、どんなものであれ、たまらなくおいしいといいます。

上の写真は、昼飯をすませて茶を飲んでいるところです。右端《みぎはし》の普段着《ふだんぎ》の女性《じょせい》が弁当《べんとう》を運んできたのでしょう。左の三人は村の大通りにはみ出して座《すわ》っています。自動車は通ることすら珍《めずら》しいころですから、心配はありません。

右の写真のお父さんは、ちょっと酒を飲みすぎたようです。みんなはもうすでに田に行ってしまったのに、腰《こし》をおろしたままウツラウツラしています。それにしてもこの家の昼飯はなかなか豪華《ごうか》です。

左上の写真は、広い田を持つ家の昼どきです。大勢《おおぜい》の早乙女《さおとめ》に昼飯を運ぶより、家にきてもらったほうが早かったのでしょう。縁側《えんがわ》に腰《こし》かけて飯茶碗《めしぢゃわん》で食べています。菜を入れた小皿も見えます。

のり巻《まき》、昆布巻《こぶまき》、フキの煮物《にもの》、炒《い》り豆などがある。酒はからになっているようだ。秋田県湯沢市。昭和38年（1963）撮影・佐藤久太郎

広い田を持つ農家では、ユイの人だけでは足らないときは、田植え時期に遠くからやってくる早乙女《さおとめ》を雇《やと》った。昼はみんな一緒《いっしょ》だったから、まかないをするほうは忙《いそが》しく、縁側《えんがわ》はいっとき大にぎわいになった。新潟県岩室村。昭和30年代　撮影・中俣正義

おやつのアラレと炒《い》った豆。右の写真もこちらも田植習俗調査《しゅうぞくちょうさ》のとき再現《さいげん》したものである。

ホウの葉に小豆《あずき》もちを置いた戦前の田植えの昼食。秋田県本庄市石沢。昭和31年（1956）6月　所蔵・早川孝太郎

傘《かさ》を広げて日《ひ》除《よ》けにしているので、赤ちゃんが寝《ね》ているのかと思ったが、右のほうに足が少し出ていて、早乙女《さおとめ》だった。男の子が心配そうに見ているうつ伏《ぶ》せの人は、おばあさんだろうか。岩手県岩手町西法寺。昭和36年（1961）5月　撮影・田村淳一郎

昼寝《ひるね》の効用《こうよう》

苗《なえ》取り、田植えと朝早くから働いて、昼飯をおいしく食べたあとは、おのずと眠《ねむ》くなります。話をしていた相手が静かになったと思ったら、眠《ねむ》っていたという話は珍《めずら》しくありません。

上の写真では、ひとりがうつ伏《ぶ》せにになって寝《ね》ています。綿《わた》のはいった袖《そで》なしを着ているので、ひんやりした空気のようです。それなのに靴《くつ》を脱《ぬ》いでいる、いや、田植えには何も履《は》かないのかもしれません。泥《どろ》のついた足をきれいに洗《あら》って昼飯を食べ、そのまま昼寝《ひるね》にはいったのでしょう。

田植えのときはもとより、農家の人はみんな昼寝《ひるね》を認《みと》めていました。疲《つか》れが取れて午後の仕事の能率《のうりつ》があがるのを知っているからです。

昼寝《ひるね》は夏の季語です。

田の水がきしる昼寝《ひるね》の前通り

昼寝《ひるね》をしている前の用水路の水が、音を立てて流れている、でもそれがうるさいどころか、子守唄《こもりうた》にして眠《ねむ》ってしまった、という幸せを想像《そうぞう》させます。

田植えも同じ夏の季語です。

田植女の寝たらぬ空やほととぎす

田植女は早乙女《さおとめ》のことです。「さぁ始めるぞ」という声で起こされた耳に、ホトトギスの鳴き声が聞こえてきたようです。

朝早いので、午前中は時間が長く感じますが、昼寝《ひるね》のあとの午後は早いといいます。左の写真は、植え進むうちにみんな終わりのところに寄《よ》ってきたもので、あともうひと息というところです。立ちあがった早乙女《さおとめ》の手に苗《なえ》はなく、顔にはホッとしたものが見られます。

陽はもうだいぶ西に傾《かたむ》いているようで、顔の影《かげ》はすげかさの縁《ふち》と平行になっている。テッポウハダコと呼《よ》ぶ上衣《じょうい》、腕《うで》に腕貫《うでぬき》、前かけの名はハネッコハラマキ、下衣《かい》をスネッコデタチという。白の肌《はだ》じゅばんは着ていない。ひざ下をひもでしばっていないが、隣《となり》と右端《みぎはし》の早乙女《さおとめ》はしばっている。秋田県湯沢市。昭和30年代　撮影・加賀谷政雄

竹かごに鉄製《てつせい》のマンガを立てかけ、ミに苗《なえ》、酒徳利《とっくり》、赤飯を入れて供える。竹製《たけせい》のミは農産物を入れたり、ゴミや殻《から》を振《ふる》い分けるときなどに使うが、このように神さまへの供《そな》え物《もの》を入れる容器《ようき》として使うことも多かった。群馬県北橘村八崎。昭和43年（1968）6月　撮影　須藤　功

神棚《かみだな》は家の守り神としてあがめ、いつも供《そな》え物《もの》を忘《わす》れない恵比須《えびす》・大黒《だいこく》。家で何かあったときは奉告《ほうこく》する。田植えが無事に終わると、感謝《かんしゃ》と豊作《ほうさく》への願いをこめて苗《なえ》を供《そな》えた。長野県阿智村駒場。昭和24年（1949）　撮影・熊谷元一

マンガライ

マンガは馬に引かせて田の土を細かく砕《くだ》く（一四〇頁《ページ》）くわのことで、「馬鍬《まぐわ》」と書きますが、牛にも引かせます（一四一頁《ページ》）。縦横《たてよこ》八〇センチメートル、長さ一メートルほどの角材に、刃《は》と呼《よ》ぶ先のとがった鉄棒《てつぼう》をつけたものです。のちにすべて鉄製《てっせい》のものが出ました。右の写真の、刃《は》を上にかごに立てかけてあるのが鉄製《てっせい》のマンガです。

ライは「洗《あら》う」という意味で、マンガライは「馬鍬《まぐわ》を洗《あら》う」、今年はもう使わないので洗《あら》ってかたづけるということですが、これは田植えの終了《しゅうりょう》を田の神に伝え、感謝《かんしゃ》する行事でもあるのです。

群馬県《ぐんまけん》では田植えが終わると、マンガを洗《あら》い、残しておいたひと束の苗《なえ》とともに家に持ち帰ります。苗《なえ》をミに広げ並《なら》べて酒と赤飯をそえ、家の出入口のわきに立てかけたマンガに供《そな》えます。それから家族みんなで田植えが無事に終わったことを祝います。

上の写真のように、田植えが終わると神棚《かみだな》に苗《なえ》束を供《そな》えるのは、各地に見られました。伊那《いな》地方では苗《なえ》束と一緒《いっしょ》にぼたもちを供《そな》え、家族も食べて祝いました（四七頁《ページ》）。

田植えが終わると、米だけを主に作っている農家の人は、数日ながら体を休めることができます。でも二毛作に麦を作っている農家では、息をつく間もなく麦刈《か》り（一六二頁《ページ》）をして、さらに麦畑を田にもどさなければなりません（一六三頁《ページ》）。体を休めることのできた農家の人も、そのあとは、田の見まわりや草取りなどに汗《あせ》を流す日がつづきます。

二毛作の麦を刈《か》る。刈《か》り終《お》わるとすぐ田にもどして田植えをする。この村では、ビールの原料となるビール麦、大麦の一種で食料や飼料《しりょう》にする裸麦《はだか》、粉にして食べる小麦などを作っていた。長野県阿智村。昭和25年（1950）　撮影・熊谷元一

麦畑を田にもどす

俳句《はいく》の季語《きご》には、秋ではないのに秋を思わせるものがあります。たとえば夏の季語の「松落葉《まつおちば》」、「麦秋《ばくしゅう》」などです。松落葉は四、五月ごろ、松葉の新芽が古い葉を押《お》し出《だ》して落とすことです。麦秋は、麦を刈《か》り入《い》れる季節をいい、太陰太陽暦《たいいんたいようれき》四月の別の呼《よ》び名《な》のひとつになっていました。

秋の稲刈《いねか》りのあと、田を畑にして麦をまき、さらに麦刈《か》りをして再《ふたた》び田にもどす二毛作では、麦刈《か》りから田にもどすまでが、田植え以上の忙《いそが》しさになりました。これまで見てきたように、田植えまでには田起こし、代《しろ》かき、田ならしなどいろいろな作業があります。それらを短時間でこなさなくてはならないからです。

稔《みの》った二毛作の麦は、麦畑にはしなかった田の田植えが終わった直後に刈《か》り入《い》れます（写真上）。麦の茎《くき》は稲《いね》の茎《くき》より太く固いので、刈《か》り取《と》りは大変ですが、自家用の場合は、それほどたくさん植えているわけではないので、一日、二日で終わります。刈《か》った麦は稲架《はさ》にかけて干《ほ》します。

左上の写真は、麦畑を起こして水を入れ、田にもどす代かきをしているところです。手前の土盛《も》りに混《ま》じる白いものは、刈《か》ったあとの麦の根株《ねかぶ》です。株《かぶ》のまま入れるといつまでも残り、稲《いね》の根の成長を妨《さまた》げるので、バラバラにして土のなか押《お》しこみます。

左下の写真は、麦畑ではなく、桑畑《くわばたけ》を田にするために夜業《よなべ》をしています。フラッシュを使っているので明るく見えますが、この夜は月もなく真っ暗だったようです。麦畑を田にもどす作業が夜までかかってしまったのです。夜が明けたら田植えをしなければなりません。

麦畑にしなかった田の田植えを終えると、麦を刈《か》って麦畑を田にもどす。家によって異《こと》なるが、昭和30年代の山村ではまだ麦飯《むぎめし》が大半で、米7に麦3の割合の麦飯《むぎめし》はまだよいほうだった。埼玉県両神村薄。昭和33年（1938）7月　撮影・武藤　盈

田にしようと少しずつ手を入れていた桑畑《くわばたけ》を、麦畑をもどした田と一緒《いっしょ》に田植えをすることにしたため、夜業《よなべ》で田作りをする。長野県阿智村。昭和31年（1956）6月　撮影・熊谷元一

恐山境内《おそれざんけいだい》の霊場《れいじょう》めぐりから離《はな》れたところにあった小さな温泉《おんせん》小屋。入浴は自由で、朝早くから東北弁《べん》が聞こえた。囲りに噴《ふ》き出《で》る湯煙《ゆけむ》りが朝日に輝《かがや》く。

温泉《おんせん》小屋の湯舟《ゆぶね》は湯治客《とうじきゃく》の男の人、女の人でいっぱい。裸《はだか》になってカメラを持ってはいったら、しかられるどころか、「大変だね」と同情《どうじょう》された。みんな楽しそうだった。写真はいずれも青森県むつ市・恐山《おそれざん》。昭和42年（1967）7月　撮影・須藤　功

亡《な》き人《ひと》の供養《くよう》と湯治《とうじ》をかねて恐山《おそれざん》にやってきた人《ひと》は、夜になると盆踊《ぼんおど》りを楽しんだ。いや、これも亡《な》き人《ひと》を思いながら、目にみえない祖霊《それい》と一緒《いっしょ》に踊《おど》る供養《くよう》だった。こうした風景は、自動車でやってきて、参拝《さんぱい》するとすぐ帰るようになってしだいになくなった。

ひとときの骨休《ほねやす》め

五月、早乙女《さおとめ》、サオリ、サナブリなど「さ」から始まる言葉には、稲作《いなさく》や田の神信仰《しんこう》に関係のあるものが少なくありません。

サオリは田植えを始める日、サナブリは終わった日をいい、集落全部の田植えが終わると、そろってサナブリヤスミをとったところもあります。現在《げんざい》、東北地方に見られる村主催《しゅさい》の「早振芸能《さなぶりげいのう》大会」なども、田植えが終わった慰労《いろう》の芸能《げいのう》大会名に、古くからなじんできた言葉を入れたものです。

まだ村主催《しゅさい》の芸能《げいのう》大会などなかったころには、ユイや気のあった仲間でかくし芸を楽しんだり、湯治《とうじ》に行ったりしました。

疲《つか》れをとる湯治《とうじ》

本州北端《ほくたん》の下北半島（青森県）に、恐山《おそれざん》と呼《よ》ぶ霊場《れいじょう》があります。硫黄《いおう》のにおいの立ちこめる荒涼《こうりょう》たる境内《けいだい》に、地蔵《じぞう》菩薩《ぼさつ》を安置する菩提寺《ぼだいじ》があって、そのまわりに納骨塔《のうこつとう》や供養塔《くようとう》、少し離《はな》れて、血の池、八方地獄《じごく》などがあり、さらに離れて温泉《おんせん》小屋がポツンとあります。

恐山《おそれざん》には死者の魂《たましい》が行くとされ、寺の縁日《えんにち》には肉親の魂《たましい》の供養《くよう》をかねて、各地からたくさんの人が参拝《さんぱい》にきます。縁日《えんにち》は昭和三〇年代まで太陰太陽暦《たいいんたいようれき》六月二三日でした。田植えはそれより一ヵ月ほど前に終わっていますが、サナブリの湯治《とうじ》を、この縁日《えんにち》の前後に遅《おく》らせて参拝《さんぱい》にくる人が大勢《おおぜい》いました。境内《けいだい》には湯治《とうじ》客用の宿泊《しゅくはく》所もありました。

戦後、恐山《おそれざん》に大勢《おおぜい》のイタコがくるようになります。イタコは目の不自由な女の人で、口寄《くちよ》せといって、死者に代わって死者の声を伝えてくれます。湯治《とうじ》客のもうひとつの目的は、このイタコの口寄《くちよ》せでした。

こっから舞《まい》は男たちの十八番《おはこ》（得意な芸）だったが、芸達者なおばあさんたちにできないはずがなく、山の神の祭りなどにも披露《ひろう》された。一番喜んでいるのは田の神にもなる山の神だろう。秋田県横手市大沢沼山。昭和35年（1960）　撮影・加賀谷良助

こっから舞《まい》

テレビが普及《ふきゅう》すると、芸は見るものとして、自ら覚える人は少なくなりますが、それまではお父さんもお母さんも、そしておじいさんもおばあさんも、かならず何かひとつぐらい芸を持っていました。村の仲間のつき合いに、芸は欠かせないものだったからです。

サナブリの集まりで披露《ひろう》されるかくし芸は、たいていその「ひとつぐらい」でした。上手下手ではなく、やるかやらないかです。一生懸命《いっしょうけんめい》やると、下手でも拍手《はくしゅ》かっさいをあびました。むろん上手な人もいて、それを見ないうちは帰れない、とみんながいったものです。

秋田県で人気のあったのは「こっから舞《まい》」です。「こっから」は「ここから」という方言で。「ここから」の「ここ」とは男女の性器《せいき》をさしています。世のなかのできごとは、みなここから始まると歌いながら舞《ま》います。次の唄《うた》は、男鹿《おが》半島の寒風山のふもとの村で歌われていたものです。

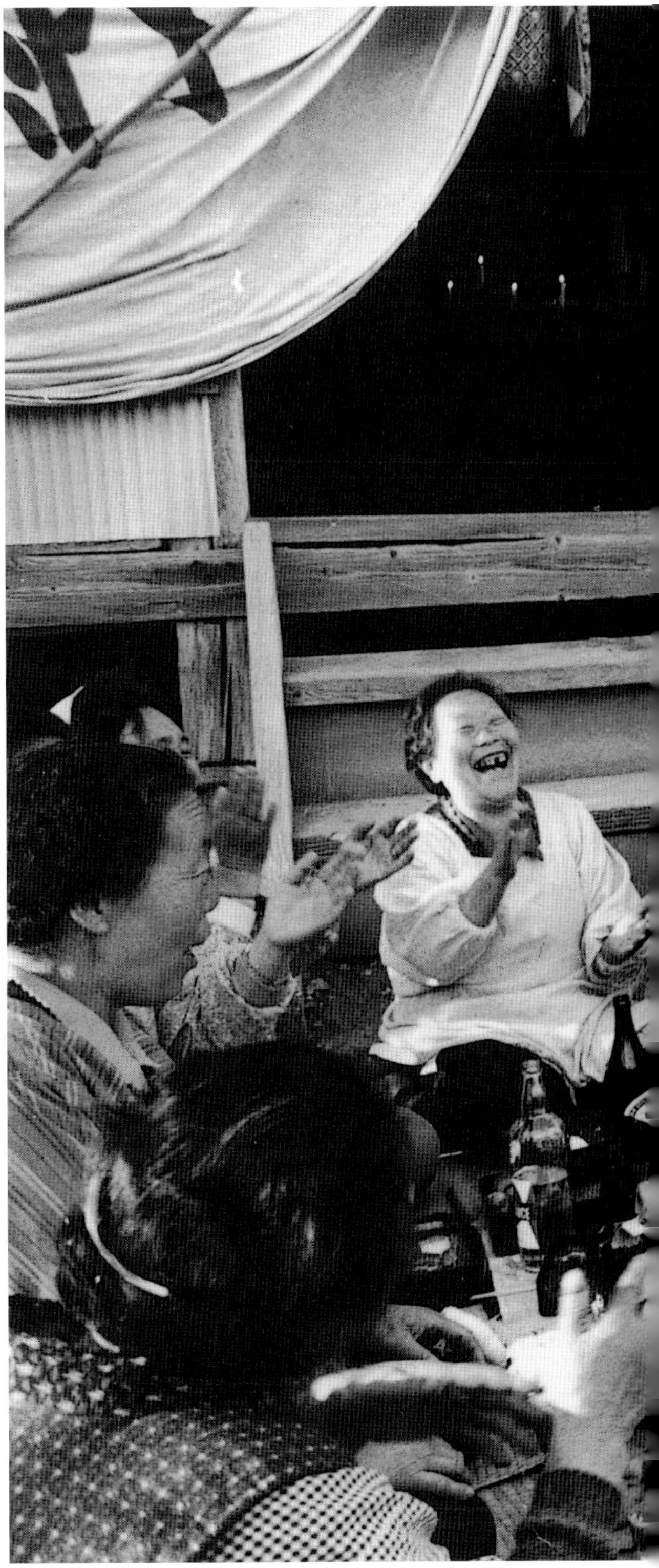

こっから舞《まい》はニサイナア
そもそも天地《てんち》ひらけてこの方《かた》
いざなぎいざなみの尊《みこと》より
子孫繁昌《はんじょう》の今日《こんにち》も
やっぱり原因《もと》はここからだ
こっから舞《まい》はニサイナア　ニサイナア

ニサイナア　ニサイナア
こっから舞《まい》はニサイナア
男子供《わらし》の生《お》え立《たつ》も
女子供《わらし》の生《お》え立《たつ》も
やっぱり原因《もと》はここからだ
こっから舞《まい》はニサイナア　ニサイナア

人前でも、お母さんが大きな乳《ちち》を出して赤ちゃんに乳《ちち》をあたえるのは、ごくあたりまえだったころです。なにごとにも、みなおおらかでした。

田原本町のため池、田に水を送るとともに日照りに備《そな》えた。奈良盆地《ならぼんち》の場合は、御陵《ごりょう》を造る技術《ぎじゅつ》がため池造《づく》りにも生かされたのではないかといわれる。奈良盆地《ならぼんち》の古くからの名産品であるスイカと金魚も、ため池とあさからぬつながりがあるとされる。奈良県田原本町。昭和47年（1972）6月　撮影・須藤　功

雨が降《ふ》ることを願って奉納《ほうのう》した黒毛馬の絵馬。奈良市郊外《ならしこうがい》にある天満神社の拝殿《はいでん》には、晴天を願った赤毛馬の絵馬とともに、こうした絵馬がたくさん掲《かか》げられている。奈良県奈良市日笠町。昭和56年（1981）5月　撮影・須藤　功

水と草と害虫

田植えあとの短い休息日が終わると、水の見まわり、除草《じょそう》、そして予想のつかない害虫の発生に対処《たいしょ》しなければなりません。

水の見まわりは、おだやかな梅雨でほどよく雨が降《お》り、ときおり気持ちのよい*五月晴れの日のある年は問題ありません。それがまったく降《ふ》らなかったり、豪雨《ごうう》がつづいたりする年は大変です。

天候不順にくらべると、同じ大変でも、除草《じょそう》と害虫は対処《たいしょ》の方法があるだけ心配は少ないかもしれません。

*五月晴れ　太陰太陽暦《たいいんたいようれき》で五月は梅雨の時期、その晴れ間をいった。

奈良盆地《ならぼんち》のため池

奈良盆地《ならぼんち》を上空から見おろすと、大きな*御陵《ごりょう》がいくつも見えて、国をおさめた古都であることを実感します。同時にため池の多いことに驚《おどろ》きます。

大陸の文化を取り入れて、何事にも先んじていた奈良盆地《ならぼんち》ですが、米作りだけはどこでも思うようにいったわけではありませんでした。村によってはしばしば洪水《こうずい》に見舞《みま》われ、少し日照がつづくと今度は川底が干《ほ》しあがりました。田へ入れる水がいつも不安定だったのです。

上の黒毛馬の絵馬は、雨を願って奈良《なら》市郊外《こうがい》の天満神社に奉納《ほうのう》したものです。黒毛馬は雨雲の黒い雲の連想です。晴天を望むときは赤毛馬の絵馬を奉納《ほうのう》しましたが、かっては実際《じっさい》にそれぞれの馬を連れてきて、境内《けいだい》を走らせました。奈良盆地《ならぼんち》の人々の晴雨の願いは切実だったのです。

*御陵《ごりょう》　天皇《てんのう》の墓《はか》。

座《すわ》った左の人が持つ線香《せんこう》に右端《みぎはし》の人がマッチで火をつける。線香《せんこう》は手前の箱に入れてふたを閉《し》め、線香《せんこう》が燃《も》えつきるまで、一軒《いっけん》の家の5畝《せ》の田に水を送る。右に立っている人は、不正がないか監視《かんし》にきた。長野県阿智村。昭和12年（1937）　撮影・熊谷元一

線香《せんこう》一本分の送水

日照りつづきによる水騒《そう》動《どう》は、全国各地にありました。騒動《そうどう》にならないように、みんなで話し合って、水を分け合う方法をきめていたところもあります。

上の写真の集落では、一五軒《けん》が線香《せんこう》で水を分け合っていました。七月一〇日前後から八月盆《ぼん》までの約一ヵ月間、毎日です。一五軒《けん》の田の総《そう》面積は約一〇町歩（約一〇ヘクタール）あるので、大変な作業でしたが、きちんと守ることで騒動《そうどう》は起きませんでした。

線香《せんこう》は、仏壇《ぶつだん》に供《そな》える五寸《すん》（約一五センチメートル）ほどのもので、風で速く燃《も》えないように箱に入れてふたをします。線香《せんこう》一本が燃《も》えつきる間に五畝《せ》（約五〇〇平方メートル）の田に水をかけ、一軒《いっけん》で一回に二本分までとします。

水は田の下のほうから送り、水を入れている家の人は、その間、同じ水路のほかの家の田の水口をふさぎ、見わりをして一滴《いってき》たりとも取られないようにしました。このときばかりは、いつもはおとなしい娘《むすめ》も、男たちと大声でいい争ったりしたといいます。

線香《せんこう》を燃《も》やす当番もきまっています。一軒《いっけん》からひとり、三人ひと組で一昼夜三交代します。朝と夕の一本分は通し水といって川に流し、どの家でもその水は田にかけることができません。

いつまでも線香《せんこう》でもあるまいと、時計にしたことがありましたが、一分二分のことで問題になったりしたため、また線香《せんこう》にもどしました。線香《せんこう》水をするのは日照りがつづいているからですが、当時は線香《せんこう》水をするような年でないと、よい米はできないといいました。稲《いね》の生育に必要な太陽光が十分だったからでしょう。

木製《もくせい》の羽を踏《ふ》みまわし、用水路の水を田に送る踏車《ふみぐるま》。水車《みずぐるま》ともいう。手でくみあげる「ふいご」（147頁《ぺーじ》）とくらべると楽だが、それでも20分前後で交代する。秋田県横手市八橋。昭和33年（1958）6月　撮影・佐藤久太郎

炎天下《えんてんか》の草取り

肥料《ひりょう》が十分はいっている田は、稲《いね》の生育を邪魔《じゃま》する雑草《ざっそう》もよく生えるので、抜《ぬ》き取《と》らなければなりません。

一番草と呼《よ》ぶ最初の草取りは、田植えを終えて一、二週間後にします。二番草は草の生え具合を見て行ない、このとき稲株《いなかぶ》のまわりの泥《どろ》をかき混《ま》ぜ、稲《いね》の横根を切るようにします。そうすると株《かぶ》分かれ（分《ぶん》けつ）がよくなって深く根が張《は》り、穂《ほ》の数が増《ふ》えて収穫《しゅうかく》も多くなります。

草取りは炎天下《えんてんか》です。ギラギラと照りつける太陽が背《せ》を、田に張《は》った水の照り返しが、腰《こし》が痛《いた》くなる四つんばいの体の前面を射《い》り、汗《あせ》が滝《たき》のように流れます（左写真）。盆前《ぼんまえ》の三番草のときは、草いきれと呼《よ》ぶ、稲《いね》の間にたまった熱気が二番草よりさらにすさまじく、目まいがするほどです。高く伸《の》びた葉先で、腰《こし》を曲げるとき目を突《つ》く恐《おそ》れもあります。今は除草剤《じょそうざい》を散布《さんぷ》するので、こうした苦労はなくなりました。

手押除草機《ておしじょそうき》で除草《じょそう》する。秋田県横手市。昭和30年代　撮影・佐藤久太郎

山形県の白竜湖《はくりゅうこ》のまわりにあった湿田《しつでん》の草取り。下半身は泥《どろ》のなかにある。体を前に押《お》し出《だ》すようにして移動《いどう》する。「あわら田」ともいったこうした湿田《しつでん》は各地にあった。山形県南陽市赤湯。昭和30年代　撮影・錦　三郎

一番草を取る。稲《いね》はまだ伸《の》びていないので、目をつく心配や草いきれはないが、背《せ》をジリジリと射《い》る強い日ざしはたまらない。少しでも暑さをやわらげるために、背《せ》にシダなどの草をつけている。作業をしながら、みそ汁《しる》の具にするタニシをとったりしたが、こうした四つんばいは、年をとってから腰《こし》の曲がる原因《げんいん》にもなった。長野県阿智村。昭和24年（1949）　撮影・熊谷元一

稲《いね》につくウンカを防《ふせ》ぐための消毒。長野県穂高町松野。昭和33年（1958）　提供・(社)農山漁村文化協会

水温《みずぬく》めと害虫

標高の高いところや北国では、山から流れてく水は冷たくて、そのまま田に入れることはできません。一五度以下の水では稲《いね》は十分に育ちません。入れつづけると冷害になる恐《おそ》れもあります。そこで水をためて温める「水温《みずぬく》め」（長野県では「ヌルメ」という）という水路を作り（右写真）、太陽熱で温めてから田に入れました。また、水口付近には冷たい水でも育つ、もち種の稲《いね》を植えました。

害虫は稲《いね》の大敵《たいてき》です。たくさんの種類がいますが、二大害虫といわれるのは、ニカイメイチュウとウンカです。蛾《が》の一種のニカイメイチュウは、その名のとおり年に二回発生し、稲《いね》に卵《たまご》を生みつけます。ふかした幼虫《ようちゅう》のズイムシは稲《いね》の茎《くき》に食い入って稲《いね》を枯《か》らします。七月の気温が低いとズイムシはたくさん発生して被害《ひがい》を大きくします。

上の写真はウンカの発生を防《ふせ》ぐ薬剤《やくざい》を散布《さんぷ》しているところです。体長が五ミリメートルの小さな虫ながら、ウンカは大群《たいぐん》で中国大陸から飛んできて稲《いね》に取りつき、茎《くき》から液汁《えきじゅう》を吸《す》い取《と》って稲《いね》を枯《か》らしてしまいます。被害《ひがい》は大きく、しばしばウンカが原因《げんいん》の飢饉《ききん》があったことが、古い記録に残されています。左の写真は、虫が明かるいところに寄《よ》ってくる習性《しゅうせい》を利用して、害虫をおびき寄《よ》せて下の水槽《すいそう》に落として殺す誘蛾灯《ゆうがとう》です。

あぜと平行する、田に入れる前に水を温《あたた》める水温《ぬく》め。福島県下郷町大内。昭和44年（1969）8月　撮影・須藤　功

用水路の上に設置《せっち》された誘蛾灯《ゆうがとう》。稲《いね》につく害虫や小さな虫とともに、カブトムシなども飛んでくる。子どもたちは見まわりをかねてカブトムシを見つけて捕《と》る。長野県阿智村。昭和25年（1950）　撮影・熊谷元一

稲《いね》につく害虫を追《お》い払《はら》う虫送り。親子が一緒《いっしょ》にかや束に火をつけてあぜをくまなくをまわり、最後にかやを集めて燃《も》やす。その効果《こうか》はともかく、害虫をなくそうとして考えた祖先《そせん》の気持ちは伝わってくる。子どもだけでまわるとか形はさまざまだが、虫送りの行事は各地にある。秋田県十文字町。昭和56年（1981）7月　撮影・須藤　功

第五章

収穫のざわめきを聞く秋

晴れた日がつづき、よく乾《かわ》いた稲《いね》をいなにおにのくいからはずし、これから馬車で家に運んで庭先で脱穀《だっこく》する。秋田県横手市。昭和32年（1957）10月　提供・横手市役所

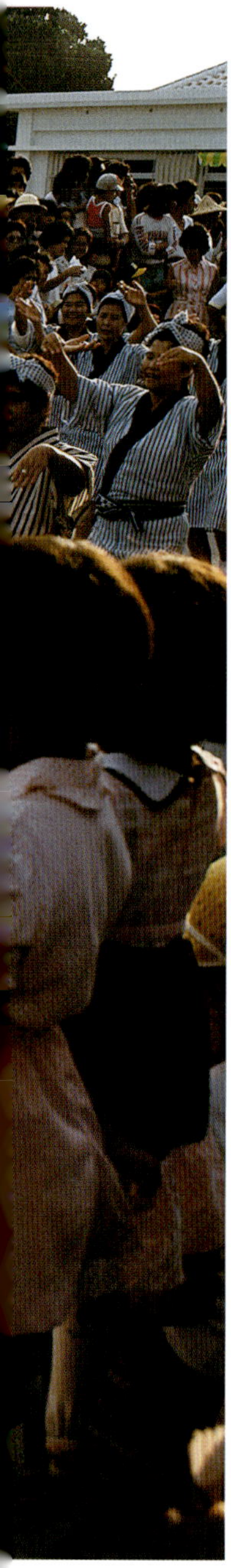

一年に米が二回とれる沖縄《おきなわ》では、東北地方ではようやく田植えを終えた6月に一回目の稲《いね》を刈《か》り、7月か8月に豊作《ほうさく》を感謝《かんしゃ》する祭りを行なう。写真は沖縄《おきなわ》本島から南にくだった石垣島《いしがきじま》の豊年《ほうねん》祭で、大勢《おおぜい》の手で持ちあげた板舞台《ぶたい》の上で、神さまが島人に穀物《こくもつ》を授《さず》けて、次の豊作《ほうさく》を約束する。沖縄県石垣市登野城。昭和53年（1978）8月　撮影・須藤　功

石垣島《いしがきじま》を中心に大小15、6の島からなる八重山諸島《やえやましょとう》は、「歌の島・踊《おど》りの島」といわれ、何かあると老いも若《わか》きも三線《*さんしん》の音で歌い踊《おど》る。豊年《ほうねん》祭では稔《みの》りを感謝《かんしゃ》して神々に捧《ささ》げる踊《おど》りのパレードが、日暮《ひぐ》れまで途切《とぎ》れない。見物人も「おばあさんたちの踊《おど》りがきた」などといいながら楽しんでいる。沖縄県石垣市白保。昭和53年（1978）8月　撮影・須藤　功　＊三線《さんしん》　沖縄《おきなわ》の三味線《しゃみせん》。

どこの学校にもプールができるのは昭和40年代以降《いこう》で、それまで子どもたちは近くの川や用水路で泳いだ。両岸の土手に草のしげる用水路の水は自然のまま、水泳パンツもなかったので、子どもたちも自然のままの裸《はだか》で泳いでいる。山から流れてくる水は意外なほど冷たく、それほど長くは泳いでいられなかった。長野県阿智村。昭和26年（1951）　撮影・熊谷元一

夏行事と野良《のら》仕事

田植えのあとの、水の調整、消毒、草取りなどの間に、農家の人は養蚕《ようさん》や畑の仕事もこなします。

季節はジリジリと太陽の照りつける夏になり、用水路で泳ぐ子どもたちの声が、聞こえてきます。

ほどなく祖先《そせん》を迎《むか》えて過《す》ごす盆《ぼん》となり、八月一五日をはさんで四、五日は仕事も休みます。ただ田の見まわりだけは休みません。現在《げんざい》、盆《ぼん》は七月のところも、太陰太陽暦《たいいんたいようれき》のところもあります。また養《よう》蚕《さん》が盛《さか》んだったところでは、盆《ぼん》を初秋蚕《さん》*を終える九月にしていました。

*初秋蚕《さん》　一八四頁《ページ》の解説《かいせつ》参照。

盆《ぼん》を迎《むか》える

盆《ぼん》は一三日から一五日が普通《ふつう》ですが、準備《じゅんび》にはいる日は一日のところも七日のところもあります。墓《はか》まわりの掃除《そうじ》をするのはたいたい七日で、この日、みんなで集落内の道も掃除《そうじ》をしたところもありました。

一三日の夕方、迎《むか》え火《び》をたいて祖先《そせん》を家に迎《むか》え、一五日に送り火をたいて送ります。去年の盆《ぼん》以後に葬式《そうしき》を出した新盆《にいぼん》の家には、念仏踊《ねんぶつおど》りがやってきます。

盆《ぼん》のあとには町や村が主催《しゅさい》する行事がありました。盆《ぼん》に遠くから帰ってきた人に、故郷《こきょう》の楽しい思い出を作ってもらうためです。その人たちがもどると、いよいよ秋の作業にはいります。

祖先《そせん》を迎《むか》えてともに三日間を過《す》ごす盆《ぼん》は、東京は7月、沖縄《おきなわ》は太陰太陽暦《たいいんたいようれき》の7月、あとは8月だが、神奈川県秦野市《かながわけんはだの》などは同じ市内に7月盆《ぼん》と8月盆《ぼん》がある。長野県の伊那《いな》地方は8月盆《ぼん》で、13日の夕方、家族そろって墓参《はかまい》りに行き、墓前《ぼぜん》で燃《も》やした松明《たいまつ》の火をローソクに灯《とも》して持ち帰り、家の前でたく迎《むか》え火《び》の松明《たいまつ》に移《うつ》す。写真は迎《むか》え火《び》が燃《も》えあがったところで、祖先《そせん》の魂《たましい》はこの火を目印にわが家に帰ってくる。隣《となり》の家でも迎《むか》え火《び》をたいている。長野県阿智村。昭和31年（1956）8月　撮影・熊谷元一

彼岸《ひがん》の墓参《はかまい》りには花と線香《せんこう》を供《そな》えるだけだが、東北地方では、写真に見るような盆《ぼん》には棚《たな》を作り、菓子《かし》や果物などを供《そな》える。また帰《き》省《せい》した子どもたちとともに墓前《ぼぜん》で宴《えん》を持ったりする。秋田県西木村。昭和30年代　撮影・加賀谷良助

祖先《そせん》と過《す》ごす盆《ぼん》三日

「盆《ぼん》」は仏教《ぶっきょう》用語の「盂蘭盆《うらぼん》」から出ています。死者の国で苦しむ祖先《そせん》の霊《れい》に、食べ物などを供《そな》えて救うという仏教《ぶっきょう》の教えのひとつです。

盆《ぼん》には家のなかに盆棚《ぼんだな》を作り、仏壇《ぶつだん》に納《おさ》めてある位牌《いはい》をそこに移《うつ》し、ナスやキュウリで作った祖先《そせん》の乗りものとされる馬を置き、スイカ、ウリ、桃《もも》などを供《そな》えます。朝には家族と同じ食事をそえます。

盆棚《ぼんだな》に供《そな》えるこのような野菜やくだものは、このころが旬《しゅん》です。仏教《ぶっきょう》が日本に伝わる前から、とれた野菜やくだものを供《そな》えて育ったことを祖先《そせん》に伝えて感謝《かんしゃ》し、さらに稲《いね》の稔《みの》りを祈《いの》ることは行なわれていました。そこに仏教《ぶっきょう》が重なって、現在《げんざい》の盆《ぼん》の形になったといわれています。

墓《はか》は、寺や共同墓地《ぼち》にあるとはかぎりません。家の屋敷《やしき》内、田畑の一角、山のなかにもあります。上の写真は田のなかにある墓《はか》で、その前に家族がそろい、飲んだり食べたりしています。祖先《そせん》を迎《むか》える盆《ぼん》はいつもとは少し違《ちが》う特別な日ですが、変わらない生活を見せて、家族はみな元気だと祖先《そせん》に安心してもらうこともだいじなのです。

左の写真は、新盆《にいぼん》の家にやってきた念仏《ねんぶつ》踊《おど》りの一行が、庭先で新仏《しんぼとけ》を供養《くよう》する念仏《ねんぶつ》を唱えているところです。

静かに流れる念仏《ねんぶつ》が亡《な》き人《ひと》を思い起こさせるとともに、合間に打ち鳴らすカーン、カーンというかねの音が、新仏《しんぼとけ》と祖先《そせん》への感謝《かんしゃ》の気持ちをわきあがらせます。

新盆《にいぼん》の家の庭先で新仏供養《しんぼとけくよう》の念仏《ねんぶつ》を唱える。手前に正座《せいざ》するのが念仏《ねんぶつ》を受ける遺族《いぞく》の代表、このあと太鼓《たいこ》を持って跳《は》ねるように踊《おど》る。こうした念仏《ねんぶつ》を唱えて踊《おど》る「念仏踊《ねんぶつおどり》」は各地に見られる。
愛知県設楽町田峰。昭和41年（1966）8月　撮影・須藤　功

体が透明《とうめい》になった蚕《かいこ》を、蚕座《さんざ》の上に置いたわら製《せい》のまぶしの枠《わく》に一匹《いっぴき》ずつ入れている。ほどなく繭《まゆ》を作り始める。背後《はいご》の棚《たな》のまぶしには繭《まゆ》ができている。養蚕《ようさん》農家のもっとも忙《いそが》しいときで、子どもも手伝う。長野県阿智村。昭和12年（1937）　撮影・熊谷元一

家中どこも蚕棚《かいこだな》

蚕《かいこ》の幼虫《ようちゅう》に桑《くわ》の葉をあたえて、絹糸《きぬいと》がまかれた繭《まゆ》になるまで育てるのを養蚕《ようさん》といいます。卵《たまご》からかえった小さな毛蚕《けご》を、蚕座《さんざ》という育てる台に移《うつ》すことを掃立《はきた》てといい、掃立《はきた》てから繭《まゆ》になるまでの期間はおよそ二〇日～三〇日、これに繭《まゆ》を取り出して出荷するまでの一〇日ほどを加えると、一回の日数は三〇～四〇日となります。

育てる時期によって、春蚕《はるこ》、夏蚕《なつこ》、初秋蚕《しょしゅうさん》、晩秋蚕《ばんしゅうさん》、晩々秋蚕《ばんばんしゅうさん》とがあります。この五回を全部行なう農家はまれで、米を作っている農家では七月上旬《じょうじゅん》に掃立《はきた》てる夏蚕《なつこ》、七月下旬《げじゅん》～八月上旬《じょうじゅん》に掃立《はきた》てる初秋蚕《しょしゅうさん》、八月下旬《げじゅん》～九月上旬《じょうじゅん》に掃立《はきた》てる晩秋蚕《ばんしゅうさん》の三回が普通《ふつう》でした。

蚕《かいこ》は幼虫《ようちゅう》の期間に、古い皮を脱《ぬ》ぎ捨《す》てる脱皮《だっぴ》を四回くり返し、そのたびに大きくなります。大きくなると蚕座《さんざ》を増やさなければならないので、家中に蚕座《さんざ》を入れる蚕棚《かいこだな》が置かれ、寝《ね》る場所もなくなるほどでした。

養蚕《ようさん》の仕事の大半は蚕《かいこ》に桑《くわ》の葉をあたえることです。桑畑《くわばたけ》に桑《くわ》の葉や枝《えだ》木を採りに行って（写真左上）運びます。蚕《かいこ》が多いと、日に何回か桑畑《くわばたけ》に行かなければなりません。

桑《くわ》の葉を取ってあたえるか、枝《えだ》についたままあたえるかは、脱皮《だっぴ》の回数によって異《こと》なります。四回目の脱皮《だっぴ》を終えてしばらくすると蚕《かいこ》は桑《くわ》をくわなくなり、体が透明《とうめい》になってきます。その蚕《かいこ》をまぶしという枠《わく》のなかに入れてやると（写真上）、二昼夜で繭《まゆ》を作り（写真左下）、蚕《かいこ》はそのなかでさなぎになります。六、七日後にまぶしから繭《まゆ》を取り出し、よい繭《まゆ》とできのわるいのを分けて、繭《まゆ》のまわりについた毛羽《けば》を取って出荷します。

桑畑《くわばたけ》で一日に何回か蚕《かいこ》に与《あた》える桑《くわ》を採《と》る。蚕《かいこ》の成長に合わせて葉だけをつんだり、枝《えだ》のまま採《と》ったりする。長野県阿智村。昭和26年（1961）　撮影・熊谷元一

明治時代から盛《さか》んになった養蚕《ようさん》は、家の形を変えたりしたが（11頁《ぺーじ》）、能率《のうりつ》をあげるために、養蚕《ようさん》用具もさまざまな工夫と改良が加えられてきた。戦争も終わりに近いころに生まれた写真の回転まぶしもそのひとつ。ボール紙で作られ、使いよく繰《く》り返《かえ》し使用できるために広く普及《ふきゅう》し、今も使われている。群馬県富士見村。昭和48年（1973）9月　撮影・須藤　功

夏の朝、栽培《さいばい》している松川種の煙草《たばこ》の葉を採《と》る。一本の煙草《たばこ》の葉は、一番下から上の数枚《まい》を土葉《どば》、その上数枚《まい》を中葉、さらにその上数枚《まい》を本葉、最上葉数枚《まい》を天葉として四つに区分され、出荷のときこの区分で束ねる。良質《りょうしつ》の葉は中葉と本葉である。福島県下郷町大内。昭和44年（1969）8月　撮影・須藤 功

煙草《たばこ》の葉をわら縄《なわ》に連ねて干《ほ》す。仕上げた葉煙草《はたばこ》は専売《せんばい》公社が買い取ってくれるが、栽培《さいばい》から納《おさ》めるまでの管理は厳《きび》しかったという。畑にあるうちに公社の人が葉一枚《まい》一枚《まい》を数えておいて、たとえば風雨などで損傷《そんしょう》すると、その枚《まい》数を申し出なければならなかった。農家が勝手にタバコを作らないようにするためである。岩手県岩手町大田。昭和36年（1961）　撮影・田村淳一郎

煙草《たばこ》の葉を採《と》る

農家にとって煙草《たばこ》の葉の栽培《さいばい》は、養蚕《ようさん》と同じ現金収入《げんきんしゅうにゅう》が魅力《みりょく》で、畑の多いところではよく栽培《さいばい》されていました。夏から初秋に収穫《しゅうかく》できるのと、暖《あたた》かい地方では麦ー煙草《たばこ》ー野菜の三毛作ができます。厳《きび》しい検査《けんさ》はあっても、葉煙草《はたばこ》は専売《せんばい》公社が全部買い取ってくれる安心感もありました。

煙草《たばこ》の品種には江戸《えど》時代からの在来種《ざいらいしゅ》と、アメリカから輸入《ゆにゅう》した品種がありますが、輸入《ゆにゅう》種は黄色種とバーレー種の二種しかなく、在来《ざいらい》種は一四種もあります。でも昭和四四年（一九六九）の生産高は輸入《ゆにゅう》種が七、在来種《ざいらいしゅ》が三という割合《わりあい》でした。味に違《ちが》いがあって、在来種《ざいらいしゅ》は補充《ほじゅう》原料にしか使われていなかったからです。

煙草《たばこ》は、土地の気候と土質《どしつ》に適《てき》した品種を選ばないと、よい葉はできません。「水戸は土で作り鹿児島《かごしま》は気候で作り、秦野《はだの》（神奈川県《かながわけん》）は腕《うで》で作る」といわれ、気候も土もよくない秦野《はだの》では、こまめに世話をして上質《じょうしつ》の煙草《たばこ》の葉を育てていました。

写真の煙草《たばこ》の葉は、在来種《ざいらいしゅ》のひとつの松川種です。東北地方の低温地に適《てき》していて、良質《りょうしつ》の葉ができました。

煙草《たばこ》の茎《くき》は高さが二メートルほどになり、約四〇枚《まい》の葉をつけますが、採《と》るのは一五枚《まい》から二〇枚《まい》ぐらいです。採《と》った葉（写真右）はわら縄《なわ》にさし連ねてつるし（写真左）、天日乾燥《かんそう》させます。乾燥《かんそう》を終えると、茎《くき》の上の葉か下の葉か、葉の形、光沢《こうたく》などで区分し、二五枚《まい》を一束として束ねて、専売《せんばい》公社が指定する収納《しゅうのう》所に納《おさ》めました。

おばこコンテストに出場者したおばこを見る大勢《おおぜい》の顔、顔、顔、顔。おばこの隣《となり》にはこの写真を撮《と》ったカメラマンがいるのだが、そのカメラマンのほうを向いている人はだれもいない。それから想像《そうぞう》すると、舞台《ぶたい》に立っているのは、よほどめんこい（可愛《かわい》い）おばこだったのだろう。秋田県山本町。昭和31年（1956）　撮影・南　利夫

かなり広い道路を埋《う》めつくし、両側の家の窓《まど》にも人がいっぱいです。秋田県の森岳温泉《もりたけおんせん》祭りの呼《よ》びものになっていたコンテストです。

おばこコンテスト

秋田では姉を「あねこ」、妹を「おばこ」といいますが、単に若《わか》い娘《むすめ》のことを「おばこ」ともいいます。

おばこナ
なんぼになる
この年暮《く》らせば　十と七つ

民謡《みんよう》のこの「秋田おばこ」では一七歳《さい》ですが、コンテストには未婚《みこん》で「めんこい（可愛《かわい》いという方言《ほうげん》）」ければ、年齢《ねんれい》に関係なく出場できます。

左に立つ出場者をどんなおばこでしょうか。おばこを見つめる顔には女性《じょせい》と子どもが多く、「何年かあとには私も立つぞ」と心ときめかせている少女もいるようです。おじさんの顔はありますが、青年の顔は探《さが》すのに苦労します。秋田の青年は照れ屋が多いのでしょうか。

森岳温泉《もりたけおんせん》は昭和二七年（一九五二）に、石油のボーリングをしていて突然《とつぜん》わき出た温泉《おんせん》です。宣伝《せんでん》をかねて始めたコンテストでしたが、はたして温泉客《おんせんきゃく》はいるのやら。地元の人々の盆《ぼん》あとの楽しみになっていました。

おばこコンテストの出場者。工夫して自分で仕立てたかすりの野良着《のらぎ》も審査《しんさ》の対象になった。秋田県山本町。昭和31年（1956）　撮影・南　利夫

秋みのる果実

秋の稔《みの》りの第一は米ですが、たいていの農家の屋敷《やしき》には、自分の家で食べる柿《かき》、栗《くり》、クルミ、イチジクなどがあって、家族で熟《じゅく》す秋を待ちわびました。左の写真は、ナシの枯《か》れ木の上に棚《たな》を置き、つるをからませたハヤトウリで、あと少しで収穫できます。一緒《いっしょ》にサヤインゲンもからませていて、重みで傾《かたむ》いた棚《たな》を直しています。

八月上旬《じょうじゅん》、大勢《おおぜい》の観光客が訪《おとず》れる青森ねぶたが終わると、青森のリンゴ農家の人は、「さて今年は」と気がかりになることがあります。ほどなくリンゴの初《はつ》競《ぜ》りが行なわれるからです。

青森県のリンゴ栽培《さいばい》は、明治九年（一八七六）に当時の内務《ないむ》省から苗木《なえぎ》が送られてきたのがきっかけでした。キリスト教の人たちが根ずかせて発展《はってん》させて、昭和時代に一大産地になります。

次の頁《ぺーじ》は青森県に近い、岩手県北部のリンゴ農家の風景です。年配の人が写真を見て懐《なつ》かしいと思うのは、たぶん下の写真のリンゴ箱でしょう。送られてきたリンゴを食べたあと、この木箱を本箱にしていた人が少なくなかったからです。

枯《か》れたナシの木を利用した棚《たな》。太い竹を十字に組んだ棚《たな》を支《ささ》えるには、ナシの木はいかにもかぼそい。大正6年（1917）に渡来《とらい》したという、いくつかさがっているハヤトウリは漬物《つけもの》にした。長野県阿智村駒場。昭和31年（1956）9月　撮影・熊谷元一

採《と》ったリンゴを竹かごに入れて、てんびん棒《ぼう》で運ぶ。相当の重量に耐《た》える堅《かた》いカシの木のてんびん棒《ぼう》がかなりしなっている。岩手県一戸町。昭和32年（1957）　撮影・田村淳一郎

リンゴの木の下でリンゴ箱にリンゴを詰《つ》める。動いてリンゴ同士がこすれないように、リンゴとリンゴの間にもみ殻《がら》を詰《つ》めた。もみ殻《がら》にかすかに残る米の香《かお》りとリンゴの香《かお》りがひとつになって、ふたを開けたとき何ともいえないおいしそうな香《かお》りが漂《ただよ》った。本箱にしたあともその香《かお》りはしばらく残った。岩手県一戸町。昭和32年（1957）　撮影・田村淳一郎

穂《ほ》の先に咲《さ》いた白い小さな稲《いね》の花。自ら花粉を自分の雌《め》しべに振《ふ》りかけて受粉し、穂《ほ》（子房《しぼう》）に栄養分を蓄《たくわ》え始める。神奈川県秦野市。平成7年（1995）8月　撮影・須藤　功

稲穂《いなほ》のたれる日

草木は花が咲《さ》いて実を結びます。稲《いね》も同じですが、稲《いね》の花はきわめて小さく、咲《さ》くのも真夏の午前中の短い時間なので、よほど注意しないと見ることができません。

上の写真の、穂《ほ》の先に小さく出ている白いものが稲《いね》の花の雄《お》しべです。稲《いね》はひとつの花のなかに雄《お》しべの花粉と雌《め》しべの卵《たまご》(胚《はい》)があって、花が咲《さ》くと結ばれて、芽を出すのに必要な栄養を子房《しぼう》に蓄《たくわ》えます。その蓄《たくわ》えた粒《つぶ》が私たちが食べる米です。

小さい稲《いね》の花は、そよ吹《ふ》く風でも散ってしまいそうです。農家の人はさまざまな花にこの稲《いね》の花を重ねました。なかでも朝になると枝《えだ》いっぱいに咲《さ》き、散るのも早い桜《さくら》に小さな稲《いね》の花の心細さを重ね、桜《さくら》の花が散らないように祈《いの》りました。

二百十日《にひゃくとうか》

太陰太陽暦《たいいんたいようれき》では、季節の変わり目の注意しなければならない日として雑節《ざっせつ》をおいています。立春から数えて二一〇日目の「二百十日《にひゃくとうか》」(現在《げんざい》の暦《こよみ》の九月一日前後)もそのひとつです。このころには台風がよくやってきます。

今は田植えが早くなったので、稲《いね》の開花は七月末から八月中旬《ちゅうじゅん》ですが、以前はちょうどこの二百十日《にひゃくとうか》のころに穂《ほ》が出て花が咲《さ》き始《はじ》めました。

農家の人は左の写真のような「風祭り」をしたり、風を切るかまを立てて、暴風雨《ぼうふうう》がこないようにひたすら祈《いの》りました

屋根より高く風切りかまを掲《かか》げ、暴風雨《ぼうふうう》がこないように祈《いの》る。静岡県清沢村（現静岡市）。昭和44年（1969）8月　撮影・富山　昭

幣《ぬさ》とささ竹をさしつけたわら束を高い木のこずえの上に掲《かか》げ、台風がこないように祈《いの》った風祭りのしるし。こうした風祭りは、盆《ぼん》のあと愛知県東部の山里2、3ヵ所で行なわれていた。愛知県鳳来町海老。昭和44年（1969）8月　撮影・須藤　功

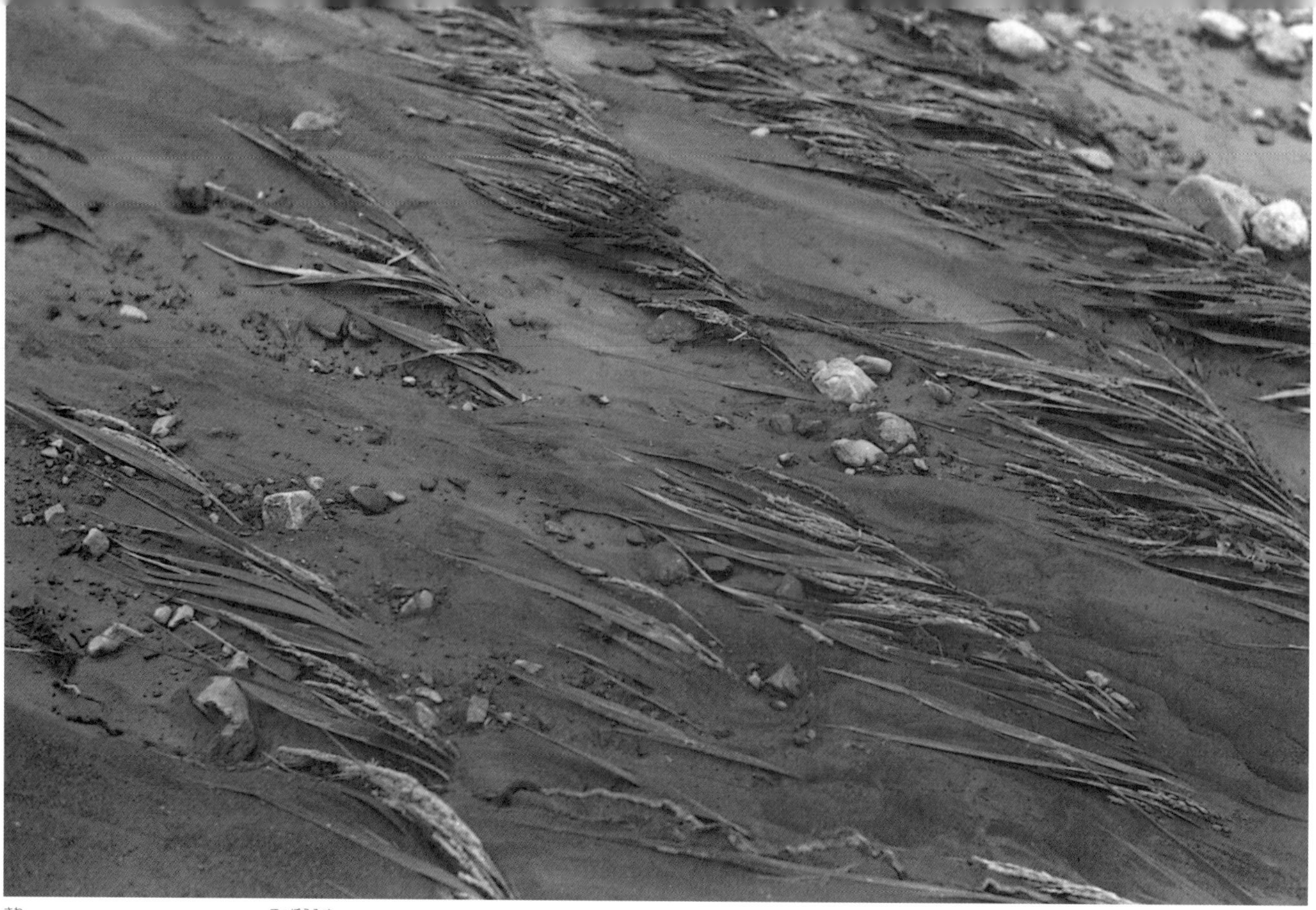

沢《さわ》水がいっきに流れくだる鉄砲水《てっぽうみず》で、川のようになってしまった田。稲《いね》が流れに沿《そ》って横たわる。水が引いたあとには、泥《どろ》まみれの稲《いね》が枯《か》れ草《くさ》のようにしおれ、手のほどこしようもなかった。長野県富士見町。昭和34年（1959）9月　撮影・武藤　盈

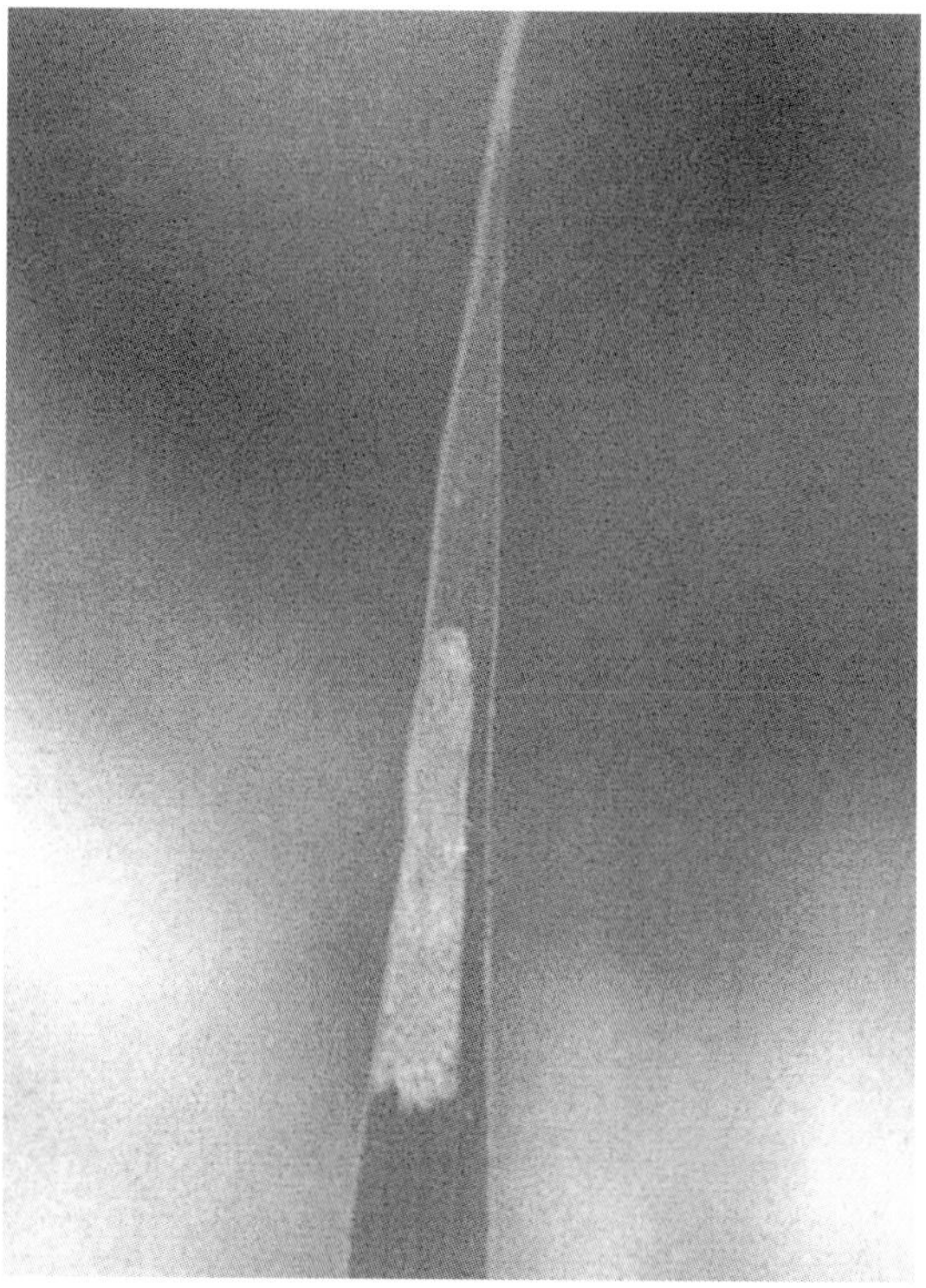

葉の一部が縦《たて》に変色しているのは、台風のあとに急にまんえんして稲《いね》を枯《か》れさせる白葉枯《しらはがれ》病。埼玉県白岡町。昭和32年(1957)7月　提供・(社)農山漁村文化協会

農業共済組合《きょうさい》の台風による被害状況《ひがいじょうきょう》の調査《ちょうさ》に農家の人も同行して、被害《ひがい》の見本をくいにさす。調査《ちょうさ》は一定区画の収量《しゅうりょう》と倒《たお》れた稲《いね》の量を調べ、被害《ひがい》が全体の3割《わり》を越《こ》えていると保証《ほしょう》金が出た。秋田県横手市境町。昭和33年（1958）9月　撮影・佐藤久太郎

暴風雨《ぼうふうう》の被害《ひがい》

戦争が終わって日本を占領《せんりょう》したアメリカ軍は、アメリカ式に台風の発生順にアルファベットの順番で女性《じょせい》名をつけました。そのなかで特に被害《ひがい》が大きく、その名が記録に残るのは、昭和二二年（一九四七）から同二七年（一九五二）の間に襲《おそ》った、カスリン、ジェーン、ルース、ダイナです。

対日講和条約《こうわじょうやく》が発効《はっこう》された昭和二八年（一九五三）からは、発生順に第一号、第二号と呼《よ》ぶようになり、特に大きな被害《ひがい》をもたらした台風には、洞爺丸《とうやまる》台風、狩野川《かのがわ》台風、伊勢湾《いせわん》台風などと別名をつけています。

右上の写真は、昭和三四年（一九五九）九月二六日に中部地方を襲《おそ》った伊勢湾《いせわん》台風が、長野県富士見町《ふじみちょう》にもたらした被害《ひがい》です。沢《さわ》にたまった水が、せき止めていた土手を破《やぶ》り、すさまじい勢《いきお》いで沢《さわ》をくだり、下流の数軒《けん》の家をこわし、田を写真のように川にしてしまいました。もうすぐ稲刈《いねか》りのはずだった稲《いね》が泥《どろ》に埋《う》もれて横たわっています。一九人が亡《な》くなり、八人家族のひとりだけ助かったという家もありました。

上の写真は、伊勢湾《いせわん》台風のちょうど一年前の同じ月日に、伊豆《いず》半島南端《なんたん》をかすめ、東京付近から福島県を通って太平洋に抜《ぬ》けた、狩野川《かのがわ》台風の被害《ひがい》にあった田です。稲《いね》は横だおしになっていますが、水につかったわけではないので、全部とはいきませんが何割《なんわり》かは稔《みの》るでしょう。穂《ほ》を光に透《す》かして見て、空《から》のもみや育っていないもみがどのくらいあるか、調べています。その被害《ひがい》に応《おう》じて、国と農家が金を出し合ってつくった共済《きょうさい》組合によって、被害《ひがい》農家が困《こま》らないように救済《きゅうさい》されます。

洞爺丸《とうやまる》台風は狩野川《かのがわ》台風の四年前、昭和二九年（一九五四）の同じ月日に北海道を襲《おそ》った台風で、青函連絡船《せいかんれんらくせん》洞爺丸《とうやまる》が沈没《ちんぼつ》。死者、行方不明者一一七二人を出し、岩内町ではフェーン現象《げんしょう》による大火で死者、行方不明者一七六一人、三〇万戸を越《こ》える建物被害《ひがい》を出しました。

短冊《たんざく》型の田はきれいに稔《みの》った。右側の立て干《ぼ》しにする一画のさらに右のあぜをはさんだ田でも、稲刈《いねか》りを始めている。秋田県鳥海町上笹子。昭和45年（1970）9月　撮影・須藤　功

黄金《こがね》波打つ稲田《いなだ》

上の写真の田は、台風も害虫の被害《ひがい》もなく、無事に稔《みの》りの秋を迎《むか》え、黄金《こがね》色に色づいて穂《ほ》が秋風に波打っています。右側上の田では稲刈《いねか》りが始まり立て干《ぼ》しにされています。

現在《げんざい》、この短冊《たんざく》型の小さな田は、三〜五枚一緒《まいいっしょ》にして広い一枚《まい》の田になっています。人や牛馬の力による稲《いね》作りでは狭《せま》いほうがよかったのですが、昭和五〇年代から田植機やトラクタ、コンバインが使われるようになると、大きな田のほうが能率《のうりつ》があがるようになったからです。

下は階段状《かいだんじょう》の棚田《たなだ》の秋です。一枚《まい》の田は上の写真よりさらに小さく、形も不ぞろいです。これは傾斜地《けいしゃち》のうえに土が柔《やわ》らかいため、雪の重みも手伝って田が年々動いて小さくなり、形も変えたのです。でもこうした田には害虫が少なく、昼夜の寒暖《かんだん》の差が大きいためおいしい米ができます。収穫量《しゅうかくりょう》も平地の田とそれほど変わりません。

次頁《じぺーじ》の写真は、ひえ抜《ぬ》きをしているところです。ひえといっても食べられない雑種《ざっしゅ》で、種をこぼすと来年はいっそう草取りに苦労するので、ひと株《かぶ》も残さず抜《ぬ》き取《と》ります。

田が動き、大小さまざまな形を作った階段状《かいだんじょう》の棚田《たなだ》。境界線《きょうかいせん》も動いてよく論議《ろんぎ》になったため「論田《ろんだ》」の名もあった。現在《げんざい》、このような田は稲《いね》を作らずに荒《あ》れてしまっている田が少なくない。新潟県入広瀬村。昭和55年（1980）9月　撮影・米山孝志

稲《いね》の背丈《せたけ》を越《こ》えて伸《の》びているのが雑種《ざっしゅ》の田びえで、よく見ると田一面にかなりある。抜《ぬ》き取《と》った田びえをひとりは腰《こし》に、もうひとりは手に持っている。米に混《ま》じると品質《ひんしつ》が落ちるので、しっかり抜き取らなければならない。岩手県前沢町。昭和42年（1967）8月　撮影・須藤　功

お母さんと3人女の子が鳥追小屋で鳥追いをする。前の子は鳴子《なるこ》を引き、うしろの子は手をたたきながら声を張《は》りあげる。秋田県大曲市西根。昭和42年（1967）　撮影・大野源二郎

スズメ追い

稲《いね》の穂《ほ》が出たとたんに、スズメは大群《たいぐん》でついばみにやってきます。「へのへのもへじ」の顔に、みの、かさを着け、手に弓矢を持ったかかしは、スズメを寄《よ》せつけまいとがんばりです。

でもスズメは恐《おそ》れるどころか、かかしのかさや弓矢に止まったりします。それではスズメに食《く》い荒《あ》らされてしまうので、家族が交代でスズメを追います。夜明けとともにやってくるスズメには、お父さんが石油缶《かん》をガンガンたたき、「ホーイ、ホーイ」と大きな声で叫《さけ》びながら追《お》い払《はら》います（写真右）。

日中はおばあさんが鳴子《なるこ》を引き鳴らし、子

朝食のつもりで稲穂《いなほ》をついばむのか。スズメは夜明けとともに大群《たいぐん》でやってきた。スズメとお父さんの早朝からの戦いは、陽が昇《のぼ》ってもなおつづいた。秋田県大曲市西根。昭和38年（1963）　撮影・大野源二郎

どもたちが学校から帰るまでがんばります。
　鳴子《なるこ》（左上図）は、つるしさげた竹で板を打ち鳴らすものです。「ホーイ、ホーイ」という子どもたちの甲高《かんだか》い声と（写真上）、カラカラン、カラカランと響《ひび》いてくる鳴子《なるこ》の音は、遠くで聞くかぎりは秋の風物詩でした。
　でも農家の人にとっては必死といってもよい、刈《か》り入《い》れ前の大仕事でした。子どもたちもそうした親たちの苦労を知っていたので、一生懸命《いっしょうけんめい》スズメを追いました。

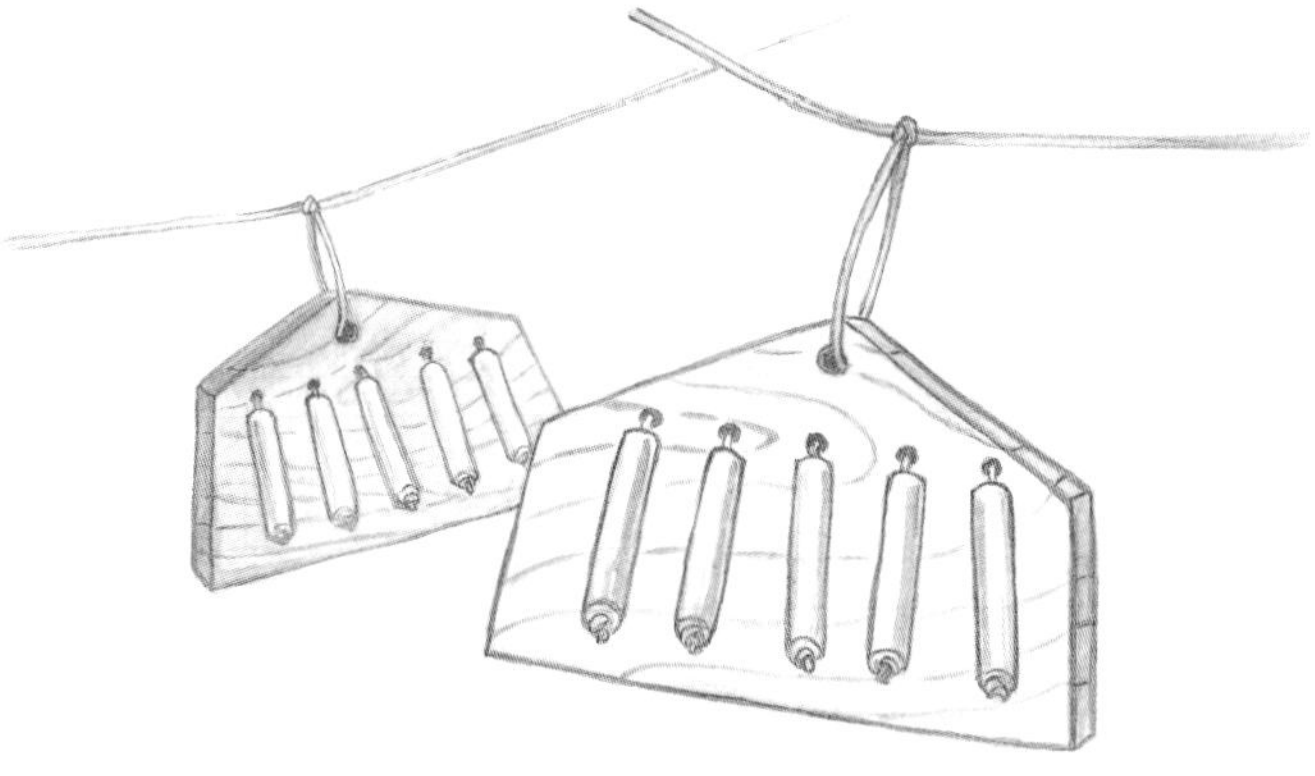

鳴子《なるこ》。ひもを引くと、つるした竹が板を「カラン、カラン」と打つ。　絵・中嶋俊枝

ナスに鶏《にわとり》の羽をつけた作り物の鳥を稲《いね》の上につるす。スズメの天《てん》敵《てき》のトンビかカラスと思わせて、稲《いね》に近寄《ちかよ》らせないようにしたもの。奈良県明日香村。昭和44年（1969）10月　撮影・須藤　功

五合ますいっぱいに入れたレンゲ草《そう》の種を、刈《か》り入《い》れも真近な田にまく。春の若芽《わかめ》はゆでたり、みそ汁《しる》の具などにして食べられる。緑肥《りょくひ》として田に入れ過《す》ぎるとメタンガスが発生して稲《いね》の根を害する。長野県阿智村。昭和31年（1956）9月　撮影・熊谷元一

レンゲ草《そう》とイナゴ

上の写真は、稲刈《いねか》り前の田にレンゲ草《そう》の種をまいているところです。春になると田一面にピンク色の花が咲《さ》きます。レンゲ草の花のミツはかおりがおだやかで甘《あま》く、最良のミツとされ、ミツバチを飼《か》ってミツを取る養蜂家《ようほうか》は、九州地方から東北地方の南部まで、このレンゲ草《そう》を求めてミツバチと一緒《いっしょ》に北上します。

豆科のレンゲ草《そう》は栄養があるうえに、根に肥《ひ》料《りょう》分を蓄《たくわ》える根粒《こんりゅう》バクテリアが住みつくので、田にすきこむと肥料《ひりょう》がいらないほどでした（一三七頁《ページ》）。また消化がよく、牛や馬は好んで食べたのでえさに混《ま》ぜました。しかし、化学肥料《ひりょう》が使われるようになるにつれ、レンゲ草《そう》をまく農家はほとんどなくなりました。

まだ農薬が使われていなかったころには、稲刈《いねか》り前の田のあぜを歩くと、まるで噴水《ふんすい》のようにイナゴが左右に跳《は》ねました。つかまえようと思えば、子どもでもいくらでもつかまえることができました。イナゴは稲《いね》の葉を食う害虫ですが、つくだ煮《に》にするとおいしいので、農家の人は、よくイナゴ取りをしました（写真左）。

食料が不足した戦時中には、町の人も田に足を運んでイナゴを取りました。

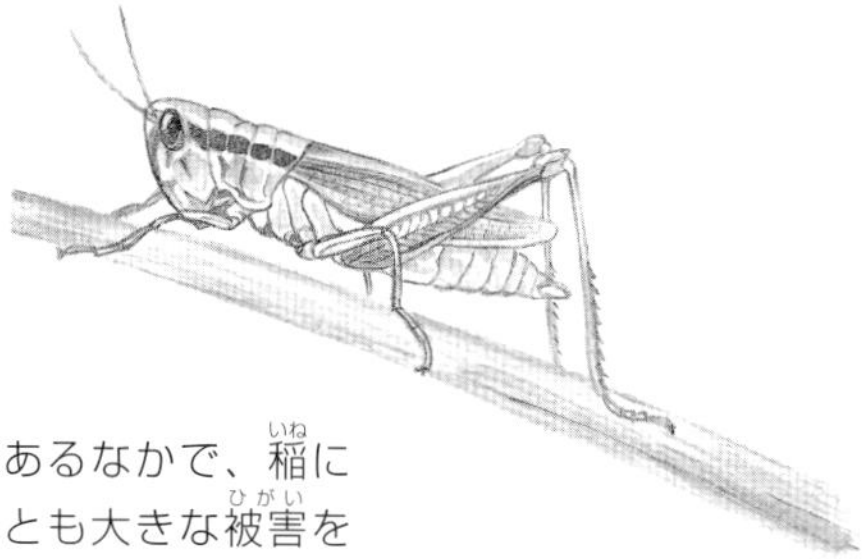

数種あるなかで、稲《いね》にもっとも大きな被害《ひがい》をあたえるコバネイナゴ。絵・中嶋俊枝

イナゴを捕《と》るおばあさんの袋《ふくろ》も、孫が手にする袋《ふくろ》もふくらんでいる。つくだ煮《に》にするとおいしいし、ゆがいて干《ほ》すと長期間の貯蔵《ちょぞう》もできた。跳《は》ねるイナゴは捕《と》るのがむずかしいが、稲《いね》刈《か》り前の田にイナゴは無尽蔵《むじんぞう》にいたから、その気になればくさん捕《と》ることができた。長野県阿智村駒場。昭和25年（1950）　撮影・熊谷元一

稲刈《いねか》りをするおばあさんは、目だけ出したハナフクベをつけている。呼《よ》び名は異《こと》なるが、こうした女性《じょせい》の覆面《ふくめん》は、秋田、山形、新潟県《にいがたけん》の日本海側に多く見られた。日よけの一種だが、殿様《とのさま》にきれいな素顔《すがお》を見られると御殿奉公《ごてんぼうこう》を命じられるので、顔を隠《かく》したなどという伝説もある。秋田県由利町前郷。昭和45年（1970）9月　撮影・須藤　功

霧雨《きりさめ》が降《ふ》る午後の稲刈《いねか》り。手伝ってくれる人の順番があるので、霧雨《きりさめ》ぐらいでは止めるわけにはいかない。腰《こし》にさしたわらで刈《か》った稲束《いなたば》をしばる。田に置いた稲束《いなたば》はこのあと稲架《はさ》にかけて干《ほ》す。一瞬《いっしゅん》の雲の切れ間からさした陽が、向こうの山に虹《にじ》を描《えが》いたが、眺《なが》めているひまはありそうもない。群馬県片品村土出。昭和42年（1967）10月　撮影・須藤　功

写真には刈った稲《いね》を干《ほ》す方法がふたつ見られます。

稲《いね》を干《ほ》す

ひとつは、くいに稲《いね》を積みかけて干《ほ》す「いなにお」、もうひとつは田に立て並《なら》べる「地干《ちぼ》し」です。

いなにおは「くいにお」ともいい、六尺《しゃく》（約一・八メートル）ぐらいのくいに、穂《ほ》を外側にして少しずつずらして積み、一本のくいに五〇束ほどかけました。東北地方に広く見られた方法で、東北本線の車窓《しゃそう》から見ると、仁王《におう》様がずらりと並《なら》んでいるようにも、兵士が守りについているようにも見えました。

写真の地干《ぼ》しは稲穂《いなほ》を下にしています。刈《か》ってすぐはこうして置いて、のちにくいに積みかける場合もあります。穂《ほ》を上にするところもありますが、二〇六頁《ぺーじ》上の写真でも穂《ほ》は下になっています。

稲《いね》を干《ほ》す方法は地域《ちいき》によっていろいろです。よく見られたのは、横棒《よこぼう》（竹の場合もある）にかけ干《ほ》す稲架《はさ》です（二〇六頁《ぺーじ》下）。これには数段《すうだん》重ねもありました（二〇七頁《ぺーじ》）。

天日《てんぴ》で干《ほ》すと、米はおいしくなります。今は機械で乾燥《かんそう》するので、自家用の米以外、天日干《てんぴぼ》しはほとんどありません。

刈《か》った稲《いね》をくいに積みかけた「いなにお」と、地干《ちぼ》しが整然と並《なら》ぶ秋の田。農道をリヤカーに稲《いね》を積んで運んでいる。家の庭に運んで脱穀《だっこく》するのだろう。普通《ふつう》なら牛に引かせて人は前で手綱《たづな》を持つのだが、男の人がリヤカーを引いて、牛は前を歩いている。農道脇《わき》に積んであるのは、くいからはずしたこれから運ぶ稲《いね》。秋田県湯沢市山田。昭和35年（1960）10月　撮影・佐藤久太郎

稲《いね》を干《ほ》す三つの方法が見られる。稲穂《いなほ》を下にした地干《ちぼ》し、くいを三《み》つ股《また》に組んで穂《ほ》を上に向けて積み重ねたもの（上）、204頁《ぺーじ》の写真にも見られたいなにおである。青森県八戸市。昭和31年（1956）　撮影・和井田登

木か竹の横棒《よこぼう》に稲《いね》をかけて干《ほ》す稲架《はさ》。稲《いね》をひとりでかけたりはずしたりすることができたので、この天日干《ぼ》しは広く各地に見られた。204頁《ぺーじ》の田もこの田も生産調整の始まる10年前なので、減反《げんたん》による休耕田《きゅうこうでん》はなく、祖先《そせん》から永々と受《う》け継《つ》がれてきた、今はもう見ることのできない秋の田の原形ともいうべき風景である。長野県阿智村。昭和35年（1960）　撮影・熊谷元一

山里の階段状《かいだんじょう》の棚田《たなだ》は一枚《まい》が小さく、横に稲架《はさ》を伸《の》ばすのは難《むずか》しい。といって家まわりにも平地があるわけではないので、段《だん》重ねの稲架《はさ》になった。下から竹ざおの先に稲束《いなたば》をさして上にあげ、稲架《はさ》がけする。愛知県設楽町田峰。昭和41年（1966）10月　撮影・須藤　功

開拓《かいたく》地の陸稲《りくとう》の稲刈《いねか》り。水稲《すいとう》のように代かきや水管理などの手間がいらなかったので、開拓《かいたく》民にはありがたい米だった。少女は昼食を運んだ手かごとやかんを持って帰る。秋田県能代市磐。昭和34年（1959）　撮影・南　利夫

じかまき

これまで語ってきた米作りは、すべて水田で作る水稲《すいとう》です。稲《いね》には畑でもできる種類があります。陸稲《りくとう》（おかぼ）といって、水稲《すいとう》のように水をためる必要はありません。土の水分が不足しないようにすれば陸稲《りくとう》は育ちます。

種は麦と同じように畑にじかにまきます。まいてから収穫《しゅうかく》までの期間は水稲《すいとう》より短く、五月上旬《じょうじゅん》に種をまいた陸稲《りくとう》は、早く育つ品種だと九月上旬《じょうじゅん》に刈《か》り取《と》ることができます。ただ収量《しゅうりょう》は水稲《すいとう》とくらべて少なく、一〇アールあたり水稲《すいとう》が四〇〇キログラムとすると、陸稲《りくとう》は一七五キログラムです。「うるち米」より「もち米」が多く作られますが、味も品質《ひんしつ》も水稲《すいとう》にくらべて劣《おと》ります。

上の写真は陸稲《りくとう》の稲刈《いねか》りで、刈《か》った陸稲《りくとう》を畑に穂《ほ》を下にして干《ほ》しています。

水稲《すいとう》でも「じかまき」あるいは「つみ田」といって、種を水田に直接《ちょくせつ》ばらまいて育てる方法がありました。芽が一ヵ所にかたまって混《こ》み合《あ》うと育ちがわるく収量《しゅうりょう》も落ちるため、適当《てきとう》な株間《かぶま》ができるよう、つみ取って間引きました。「つみ田」の名はそこからが出ています。

「じかまき」ではありませんが、「車田」の話をします。水田に苗《なえ》は直線状《じょう》に植えますが、車田では苗《なえ》を渦巻《うずまき》のように、田の中心から丸く植えます。例は少ないものの、かつては普通《ふつう》の農家にもありました。今も行なわれているのは全国で二、三ヵ所だけです。佐渡《さど》・畑野町の白山神社に伝わる田遊びは、この車田の形で田植えをします。

稲刈《いねか》りのすんだ田を起こして麦畑にする。右のふたりは平ぐわでうねあげをする。左の人はますに入れた麦をまいている。一段《だん》低くなったところと向こうの田に、稲《いね》が稲架《はさ》がけされている。長野県阿智村。昭和30年（1955）　撮影・熊谷元一

田を麦畑にする

上の写真は、稲刈《いねか》りのすんだ田を、二毛作の麦をまく畑にしているところです。麦作は水はけが重要なので、田を起こしてから排水《はいすい》用の溝《みぞ》を掘《ほ》り、ていねいにうねあげをしています。

二毛作の二作目は「裏作《うらさく》」とも「後作《あとさく》」ともいいました。麦は水稲《すいとう》の後作《あとさく》とはかぎらず、大豆、サツマイモ、煙草《たばこ》、野菜の前後作としても作りました。この土地で主に作っていたのは、ビール麦や裸《はだか》麦、小麦です。麦のウネとウネの間を広くとり、春にその間に大豆やトウモロコシなどをまく農家もありました。これを間作《かんさく》といって、麦が風除《よ》けとなってよく育ちます。

大麦も裸《はだか》麦も、主に米に混《ま》ぜて麦飯にして食べました。米と麦の割合《わりあい》は家によって異《こと》なり、麦の多い少ないが、その家の経済状態《けいざいじょうたい》を表わしていました。昭和二〇年代までは、村、町を問わず、大都市に住んでいた人でもたいてい麦飯を食べています。今でも、トロロ飯は麦飯でなければという人がいます。

戦前から米は不足していました。食糧《しょくりょう》不足が太平洋戦争を始めるひとつの原因《げんいん》だったともいわれています。昭和一四年（一九三九）に農村更生《こうせい》の指導《しどう》にあたっていた協会が、農家にしきりにひえ作りを勧《すす》めたのも、戦争に突入《とつにゅう》した場合の食糧《しょくりょう》不足に備《そな》えるためでした。敗戦の直前には、農林省で原始的な焼畑《やきはた》農業の指導《しどう》が行なわれています。

国内の生産で米が自給できて、さらに余《あま》るようになるのは、輸入《ゆにゅう》した小麦や肉などをたくさん食べるようになる昭和四五年（一九七〇）以降《いこう》です。

取り入れ作業の合間に買物に行くお母さん。てぬぐいかぶり、野良着《のらぎ》に前掛《まえか》け、さらしひもで女の子をおぶって下駄《げた》で自転車を走らせてきたところをカメラを向けられ、ブレーキをかけてペダルから足をはずした。秋田県横手市。昭和30年代　撮影・佐藤久太郎

稲架《はさ》から稲をはずしているところまで行くはずだったが、途中《とちゅう》で出会ったので行商人は道端《みちばた》で頼《たの》まていた肌着《はだぎ》を出して見せる。気にいってくれれば、家に届《とど》けておく。家には留守番《るすばん》のおばあさんがいることもあるが、だれもいなくても、どこに置いたらよいのか、行商人もいつものことなのでわかっている。新潟県相川町岩屋口。昭和29年（1954）9月　撮影・中俣正義

商売上手な行商人

農家には、田の広さによって国に納《おさ》める供出米《きょうしゅつまい》の量が割《わ》りあてられます。秋には割《わ》りあて量を供出《きょうしゅつ》できるかどうかわかります。台風などで被害《ひがい》を受けると、割《わ》りあてに応《おう》じられなくなります。それは一軒《いっけん》とはかぎらず、集落あるいはひとつの村の農家全戸《ぜんこ》ということもありました。

供出米《きょうしゅつまい》の価格《かかく》は一年ごとに国がきめました。その価格《かかく》に供出《きょうしゅつ》した量をかければ、米の収入《しゅうにゅう》がわかります。台風もなく大豊作《ほうさく》になった秋には、割《わ》りあて以上に買い取ってもらうこともできました。

米のでき具合は新聞などでも報道《ほうどう》され、景気に影響《えいきょう》しました。敏感《びんかん》なのは商人で、この秋は農家に金がいっぱいはいるとわかると、上の写真のように、稲刈《いねか》りをしているところにも商品を背負《せお》って出向きました。

代金はここではもらわず、大福帳《だいふくちょう》などと呼《よ》ぶ帳面につけておき、供出米《きょうしゅつ》の代金がはいったころを見計らって集金にまわります。

泥《どろ》のなかにいるどじょうを手探《てさぐ》りするふたりは、学童服の上着《うわぎ》を着ているが、下は半ズボンのようである。すでにひざまで泥《どろ》がついている。どじょう捕《と》りの半分は快感《かいかん》な泥《どろ》んこ遊びだから、たとえ捕《と》ったどじょうは少なくても少年たちに不満はない。むろんたくさん捕《と》ったときには友だちにも自慢《じまん》した。長野県阿智村。昭和25年（1950）　撮影・熊谷元一

泥《どろ》のなかから少年たちが捕《と》ろうとしているどじょう。豆腐《とうふ》と一緒《いっしょ》になべ料理にして食べる。絵・中嶋俊枝

小さな大トカゲのようなイモリ。赤い腹《はら》がなんとも気味わるい。
絵・中嶋俊枝

どじょう捕《と》りの男の子。泥《どろ》だらけの指で頭をかいたらしい。でもたれたハナはまだふいていない。腹《はら》が出ているのはこのくらいの年代の特徴《とくちょう》でもあるが、この時代には栄養失調で腹《はら》がふくれている子もいた。長野県阿智村。昭和25年（1950）　撮影・熊谷元一

どじょう捕《と》り

稲刈《いねか》りがすんで秋も深まるころになると、今でも国内のところどころに、鴨《かも》やガンや白鳥などの渡《わた》り鳥《どり》がやってきます。渡《わた》り鳥《どり》は池や沼《ぬま》、湖で冬を越《こ》しますが、田を越冬《えっとう》地とする渡《わた》り鳥《どり》もいます。田にはえさになる、もみのついた穂《ほ》が落ちていたり、小さな虫や魚が土のなかや水路にいるからです。

除草剤《じょそうざい》などの農薬はあまり使われていなかったので、田にはメダカ、お玉じゃくし、カエル、ケンゴロウ、トンボ、タニシ、どじょう、イモリがたくさんいました。蛇《へび》が稲《いね》の間をスーと泳いでいるのもよく見ました。

稲刈《いねか》りのあとにも水が残っている田は、泥土《どろつち》を手で簡単《かんたん》に掘《ほ》ることができたので、子どもたちはどじょう捕りをしました（写真右）。今でも「どじょうなべ」や「柳川《やながわ》なべ」という料理があるように、農家の人も子どもが捕《と》ってきたどじょうを食べました。

泥土《どろつち》のなかで捕《と》ったと思ってあげてみると、腹《はら》の赤いグロテスクなイモリだったときは、腹《はら》いせに思いっきり遠くへ投げてやりました。

フナと一緒《いっしょ》に、思いもかけぬどじょうやこいが網《あみ》にはいることがある。その思いもかけぬ収穫《しゅうかく》が、少年を魚とりに夢中《むちゅう》にさせた。学校から帰るとランドセルを玄関口《げんかんぐち》に放り投げて網《あみ》を持ち、川に走った。秋田県湯沢市。昭和30年代　撮影・加賀谷政雄

魚と蛇《へび》とカエル

今のようにコンクリートではなく、両岸が雑草のしげる土手の用水路は小動物の宝庫《ほうこ》でした。水面をアメンボウ、ゲンゴロウ、マイマイが泳ぎ、水中にはトンボやホタルの幼虫《ようちゅう》のヤゴや、川釣《かわづ》りのえさにするカワゲラのほかに、名をしらない虫がたくさんいました。岸には小さなカエル、大きなカエルがいて、それをねらって蛇《へび》がそっと忍《しの》び寄《よ》ってきました。

用水路にたしかにいた魚はフナです。上の写真の用水路にはいっている少年が、手にした網《あみ》で捕《と》ろうとしているのもフナでしょう。右手に持った棒《ぼう》で岸をつつき、雑草の下にいるフナを驚《おどろ》かし、流れに入れた網《あみ》に追いこもうとしています。岸で様子を見る少年は、両手でバケツをさげています。捕《と》ったフナを入れる水が重いのでしょう。捕《と》ったフナは囲炉裏《いろり》の火などで焼いて食べました。弁慶《べんけい》（二七頁《ぺーじ》）にさして保存《ほぞん》した家もあります。用水路の左の田では、刈《か》った稲《いね》を穂《ほ》を下にして干《ほ》しています。

左上の写真の少年が手にするのは蛇《へび》です。あまり大きくはありませんが、蛇《へび》の嫌《きら》いな人は見たくもないでしょう。蛇《へび》の嫌《きら》いな人はクモは平気、逆《ぎゃく》にクモがダメな人は蛇《へび》はこわくないといいますが、はたしてどうでしょうか。

「カエルを殺すと雨になる」とよくいわれました。水辺にこれほどたくさんいた小動物はなく、知らないうちに踏《ふ》みつぶしていることもありました。田植えのころから「ケロケロ」鳴き始めるカエルは、栗《くり》の花が独特《どくとく》のにおいを漂《ただよ》わせるころに「ゲロゲロ」と大合唱となり、しとしとと降《ふ》る梅雨をにぎやかにしました。

蛇《へび》の平気な少年、顔をしかめる少年もいる。長野県阿智村駒場。昭和28年（1953）　撮影・熊谷元一

カエルの平気な少年、そっと手を出して見る少年、少し離《はな》れて眺《なが》めている少年。カエルがうしろ脚《あし》を伸《の》ばして跳《と》ぶのをカエル跳《と》びといい、カエル跳《と》びで逃《に》げるカエルをつかまえるのも遊びだった。カエルは害虫を食ってくれたので、邪魔《じゃま》ものではなかった。長野県阿智村駒場。昭和31年（1956）　撮影・熊谷元一

歯の間に稲穂《いなほ》をはさんで手前に引き、もみをとる千歯《せんば》こき。写真のものは台木に鉄製《てつせい》の歯をつけたものだが、初期のものには竹や木製《もくせい》の歯もあった。足踏脱穀《あしぶみだっこく》機が普及《ふきゅう》してからも、種もみを採《と》るのに使う農家があった。
長野県阿智村駒場。昭和12年（1937）ころ　撮影・熊谷元一

大正時代に普及《ふきゅう》した足踏脱穀機《あしぶみだっこくき》。脱穀《だっこく》の能率《のうりつ》は、千歯《せんば》こきとはくらべものにならないほどあがった。足踏脱穀機《あしぶみだっこくき》を踏《ふ》むゴーン、ゴーンという音が長くいつまでも聞こえる年は豊作《ほうさく》だった。秋田県湯沢市山田。昭和38年（1963）10月　撮影・佐藤久太郎

稔《みの》りの手ごたえ

丹精《たんせい》こめて育てた稲《いね》の稔《みの》りの手ごたえは、脱穀《だっこく》して穂《ほ》から落ちたもみが、しだいに山のようになっていくときが一番です。

脱穀《だっこく》は初めは図のように、コバシといって二本のはしの間にはさんでこきました。これは夫《おっと》を亡《な》くし女の人（後家《ごけ》という）がよく頼《たの》まれてする仕事でした。でも江戸《えど》時代に右の写真の千歯《せんば》こきができると、仕事は奪《うば》われてしまいます。そのため千歯《せんば》こきは「後家《ごけ》殺し」とも呼《よ》ばれました。

足でまわす脱穀機《だっこくき》

千歯《せんば》こきの次に生まれたのが足踏脱《あしぶみだっ》穀機《こくき》です。無数の釘《くぎ》をつけたドラムを足でゴーン、ゴーンと勇ましくまわし、そこに穂《ほ》をのせて脱穀《だっこく》します。今のコンバインの脱穀《だっこく》方法も、この方式です。

千歯《せんば》こきの前の、二本のはしの間にはさんで稲穂《いなほ》をこくコバシ。　絵・中嶋俊枝

わらクズを風で飛ばす風選《ふうせん》。この日は適当《てきとう》に風があってわらクズは風下（向かって右）に飛んでいる。風のない日はミ（160頁《ぺーじ》）を団扇《うちわ》代わりにあおいで風を送ったりした。このあとさらにふるいで振《ふ》るってわらゴミを取り去ってからするすに入れた。長野県富士見町。昭和32年（1957）11月　撮影・武藤　盈

上の写真の左側、ふたりが柄《え》を押《お》すのが土するす。下の写真は改良されたするす。長野県阿智村。昭和12年（1937）　撮影・熊谷元一

右の写真の右側に見えるのは、もみが飛び散らないようにむしろをかぶせた足踏脱穀機《あしぶみだっこくき》です。

もみをするするす

脱穀《だっこく》したばかりのもみにはわらクズがたくさん混《ま》じっています。そのわらクズを風でとばすのが風選《ふうせん》です。高く持ちあげて落とすと、軽いわらクズは風にあおられて風下の右に飛び、重いもみはまっすぐに落ちます。さらにふるいなどでふるってわらクズを取《と》り除《のぞ》き、きれいになったもみをするすにかけます。するすは脱穀《だっこく》したもみをすって玄米《げんまい》にする「すりうす」のことです。もみについている殻《から》をうすですって取《と》り除《のぞ》くのです。

上の写真の奥《おく》、ふたりが柄《え》を押《お》し引きしているのがするす（土うす）です。ふたつの円筒形《えんとう》のうすの上部はじょうご状《じょう》になっていて、もみを入れると下部のうすの間に落ちます。うすの上下のすり面にはカシの木で作った歯がついていて、上部のうすをまわすとこすれてもみ殻《がら》が取れます。うすは倒《たお》れないように、筒《つつ》のなかに塩を混《ま》ぜた土を固く詰《つ》めて重くしてあります。

するすができる前は、もちをつくうすと同じような、つきうすでついていました。同じ人力ながら、するすはきねでつく数倍の能率《のうりつ》があがりました。

下の写真は上のするすの改良型で、操作《そうさ》も容易《ようい》になってさらに能率《のうりつ》があがるようになりました。動力によるもみすり機もこのころに出始めています。

脱穀《だっこく》した玄米《げんまい》ともみ殻《がら》を分けるとうみ。左のお母さんのうしろにあるふるいで振《ふる》い、大きなゴミを取り去ってからとうみに入れる。手前の四角の口から出るもみ殻《がら》が、右のおばあさんの足もとに出てくる玄米《げんまい》と再《ふたた》び混《ま》じらないように、囲いがしてある。岩手県湯田町。昭和34年（1959）　撮影・大野源二郎

動力化によって、脱穀《だっこく》ともみ殻《がら》を分ける人力は軽減《けいげん》されたが、玄米《げんまい》をはかり、俵詰《たわらづ》めにする作業はまだつづいた。俵《たわら》が全面廃止《はいし》になり、麻袋《あさぶくろ》や紙袋《かみぶくろ》になるのは昭和50年（1975）である。新潟県新潟市中野小屋。昭和29年（1954）10月　撮影・中俣正義

供出米《きょうしゅつまい》を入れた俵《たわら》

右の写真は、するすでひいた玄米《げんまい》ともみ殻《がら》を「とうみ」で分けています。とうみは、風選《ふうせん》（二一八頁《ぺーじ》）を効率《こうりつ》よくした一種の機械です。

左のお母さんは、脱穀《だっこく》してまだもみ殻《がら》の混《ま》じった玄米《げんまい》をチリ取り状《じょう》の箱に入れて、じょうご型の取入口に入れています。右側のおばあさんの右手のあたりのハンドルをまわすと、羽根車がまわって風が送られ、玄米粒《げんまいつぶ》はおばあさんの足もとに、もみ殻《がら》は正面の四角の口から出てきます。

とうみは穂《ほ》の脱穀《だっこく》したあと、わらクズを分けるときにも使います。ごく一部の農家では、江戸《えど》時代から使っていたようです。

上の写真は、モーターとベルトでつないで動かすもみすり機です。手前からもみを入れると、マスクをした奥《おく》の男の人の側から風で選別された、きれいな玄米《げんまい》が出てきます。

縄《なわ》にかけた棒状《ぼうじょう》のものがてんびんばかりで、右寄《みぎよ》りにおもりをさげています。左の箱に精選《せいせん》した玄米《げんまい》を少しずつ入れ、てんびんばかりの棒《ぼう》が縄《なわ》から離《はな》れるか離《はな》れないくらいになったときが求める量になります。

そうしてはかった一定量の玄米《げんまい》を俵《たわら》に入れ、わらの間から玄米がこぼれ出ないように、俵《たわら》の規定《きてい》に従《したが》って縄《なわ》かけをします。

スズメなどから稲《いね》を守ってくれたかかしを田から迎《むか》え、供《そな》え物《もの》をして感謝《かんしゃ》する。供《そな》え物《もの》を置くのは逆《さか》さにしたリンゴ箱（191頁《ぺーじ》）、かかしを立てる竹かごは桑《くわ》つみに使う桑《くわ》かご、うしろに並《なら》ぶのはわら製《せい》のかます。群馬県六合村太子。昭和42年（1967）11月　撮影・須藤　功

脱穀《だっこく》を終えた稲《いな》わらを積みあげる「わらにお」。穂先《ほさき》を内側にして崩《くず》れないように、形よく平均《へいきん》に積むには熟練《じゅくれん》を要する。雨水がはいらないように、上にノマというわらの覆《おお》いをする。秋田県横手市大屋。昭和37年（1962）10月　撮影・佐藤久太郎

かかしに感謝《かんしゃ》

その効果《こうか》はともかく、田に立ちつくしてスズメから稲《いね》を守ってくれたかかしに、農家の人は感謝《かんしゃ》の気持ちを忘《わす》れませんでした。群馬県《ぐんまけん》西部から長野県東部にみられる「かかしあげ」と呼《よ》ぶ行事は、その気持ちを表わしたものです。

右の写真の六合村《くにむら》では、「十日夜《とうかんや》」と呼《よ》ぶ太《たい》陰太陽暦《いんたいようれき》一〇月一〇日に行ないました。現在《げんざい》の暦《こよみ》では一一月になるので、もう稲刈《いねか》りもすんでかかしの役目も終わっています。

家の出入口近くに、一本足のかかしが倒《たお》れないように竹かごを逆《さか》さにして立て、その前に供《そな》え物《もの》をして、おとうさんが「かかしさんご苦労でがんした」といって拝《おが》みます。もちをかかしのふところに入れたり、畑でとれた作物を供《そな》える家もあります。かかしは立てないものの、十日夜にもちをつき、そのとき使ったうすやきねを、洗《あら》わないでそのままにしていたところもあります。かかし神がこのうすを踏《ふ》み台《だい》にして、山に帰って行くからだそうです。

写真はありませんが、群馬県《ぐんまけん》内には、十日夜に子どもたちがわら鉄砲《てっぽう》を持って家をまわり、もぐらを追《お》い払《はら》うといって、唄《うた》を歌いながら庭をわら鉄砲《てっぽう》でたたく行事がありました。唄《うた》のなかには、「大豆も小豆もよくみのれ」とか「大麦小麦できろ」という文句《もんく》もありました。

上の写真は、脱穀《だっこく》した稲《いな》わらを家の庭先に積み上げているところです。ずいぶんたくさんですが、稲《いな》わらは、わら細工、堆肥《たいひ》、牛や馬の飼料《しりょう》など用途《ようと》が広く、いくらあってもよかったのです。庭先に積みあげでいるのは、ここなら雪が降《ふ》ってもすぐ取ることができるからです。

供出米《きょうしゅつまい》を運ぶ

おばあさんらしい二人が、供出《きょうしゅつ》する米俵《こめだわら》を背負《せお》っています。米俵《こめだわら》には六〇キログラムの玄米《げんまい》がはいっています。お父さんの体重はもう少しあるかもしれませんが、だいたいそのくらいの重さです。供出《きょうしゅつ》場所の農業協同組合の集積所までどのくらいあるのか、若《わか》い人でもけっして楽な運搬《うんぱん》ではありません。

左の頁《ページ》の家族で引くリヤカーには七俵《ひょう》がのっています。子どもを一俵《ひょう》の半分として計算すると、四五〇キログラムになります。前で綱《つな》を引くお母さんはそれほどではありませんが、直接《ちょくせつ》リヤカーを引くお父さんはちょっと大変、疲《つか》れているようにも見えます。

体で運ぶ姿《すがた》は、家まわりでは男より女の人のほうが多かった。供出米《きょうしゅつまい》の重い俵《たわら》を背《せ》にするおばあさんも、あたり前のこととして運んでいるのだろう。新潟県相川町姫津。昭和32年（1957）　撮影・中俣正義

村の大通りは未舗装《みほそう》で小石がゴロゴロしている。こうした道を、リヤカーに重い荷をのせて引くのは容易《ようい》ではない。小石がタイヤにつっかかって前に進むのをはばむからである。前のお母さんが、お父さんと協力して力を出すのはそんなときである。リヤカーに積んだ米俵《こめだわら》には供出《きょうしゅつ》者の名前を書いた荷札がつけてある。秋田県湯沢市山田。昭和39年（1954）　撮影・佐藤久太郎

収納所《しゅうのう》に運びこまれた供出米《きょうしゅつまい》。受取りを始めたばかりなので、山積みというにはほど遠い。検査《けんさ》をする俵《たわら》を下に置いてある。秋田県仙南村。昭和33年（1958）10月　撮影・佐藤久太郎

米俵《こめだわら》の規準《きじゅん》

指定された農業協同組合の集積所に供出米《きょうしゅつまい》を運ぶと、そこでは農家名や供《きょう》出量《しゅつりょう》などを書いて手続きをしなければなりません。検査《けんさ》もあるので順番待ちがつづきます。

その間に、左の写真のように、土地に合った米作りを熱心に研究している人に、米作りの相談をします。米作りは気候、土壌《どじょう》、水量、一枚《まい》の田の大きさ、たずさわる人数など土地それぞれに異《こと》なるうえに、異常《いじょう》な天気がつづいた場合は、次の年におよぼす影響《えいきょう》も考えておかなければなりません。

搬入《はんにゅう》を待つ米俵《こめだわら》には、横縄《なわ》がふたつまわしで五本かけてあります。これは他県でも同じです。秋田県では小作人が地主に納《おさ》める米の管理を厳重《げんじゅう》にするために、地主たちが県に要求して細かな規準《きじゅん》を明治四三年（一九一〇）に制定《せいてい》させました。それには、乾燥《かんそう》させた古わらで編《あ》む俵《たわら》の重量、編《あ》み方《かた》、長さ、桟俵《さんだわら》の径や重量にいたるまで細かく記してあります。桟俵《さんだわら》は俵《たわら》のふたというべきものです。写真では、横にした俵《たわら》の手前についていて、規準《きじゅん》通りのしばり方をしています。

米作りについてなら、たいていのことがわかっているおじさんに相談する。秋田県仙南村。昭和33年（1958）10月　撮影・佐藤久太郎

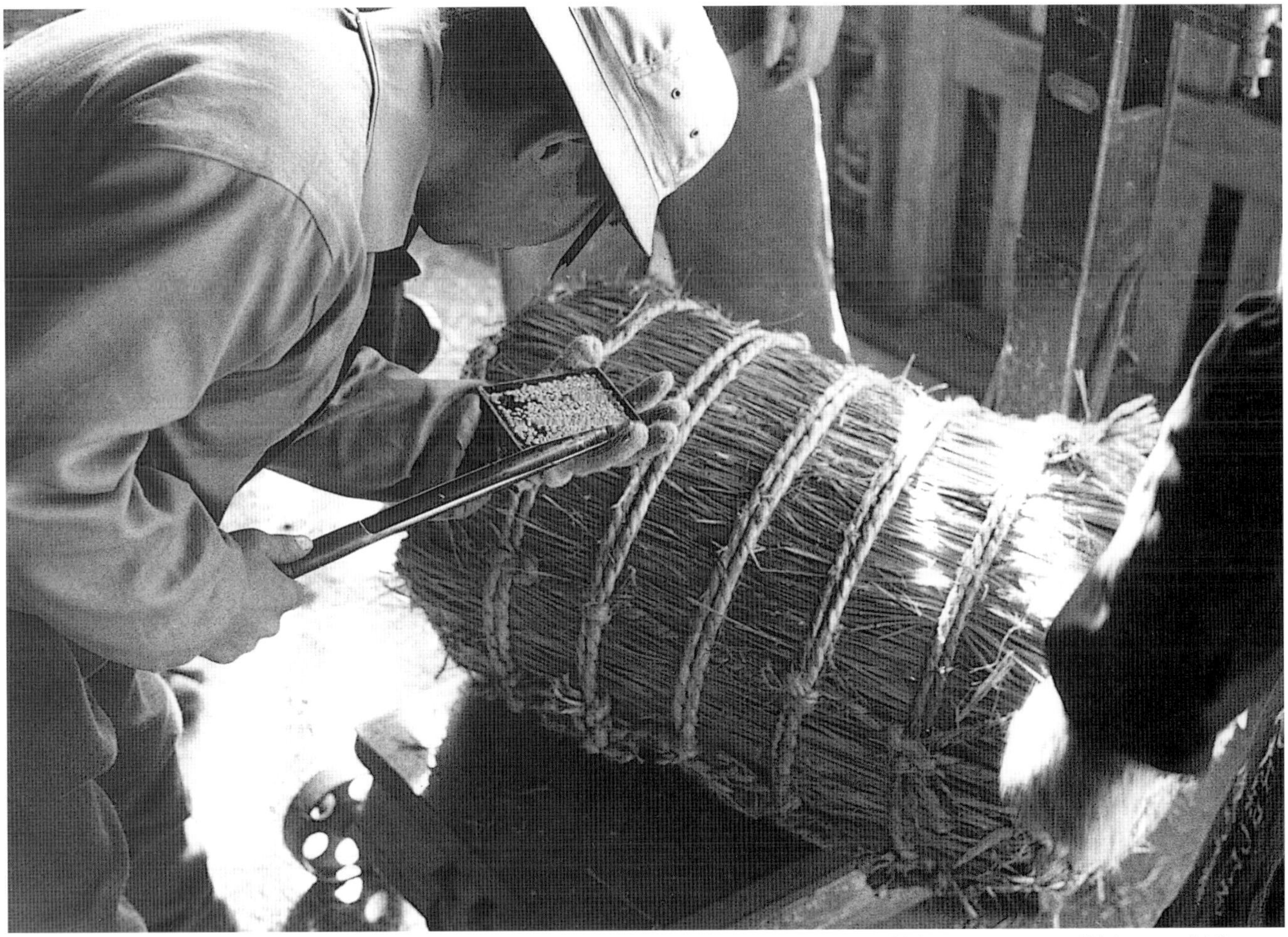

竹を削《けず》って作った米刺《さ》しを俵《たわら》に刺《さ》しこむと、玄米《げんまい》は竹の丸みにはいる。それを引き出して検査《けんさ》用の皿に入れ、品質《ひんしつ》などを検査《けんさ》する。一つでも異物《いぶつ》があると一等米からはずされた。長野県富士見町。昭和32年（1957）11月　撮影・武藤　盈

米の検査《けんさ》と等級

運んできた供出米《きょうしゅつまい》は検査員《けんさ》が検査《けんさ》します。上の写真では、右手に握《にぎ》る米刺《ざ》しという道具で、米俵《こめだわら》から抜《ぬ》き取《と》った米を検査《けんさ》用の皿に入れ、米の粒《つぶ》の大小や質《しつ》、混入物《こんにゅう》がないかどうかを調べています。

検査《けんさ》では、まず一俵《ひょう》が六〇キログラム以下だと不合格《ふごうかく》です。重量に合格《ごうかく》した農家の二、三の俵《たわら》に竹製《たけせい》の米刺《こめざ》しをさしこんで米を抜き取《と》り、品種、米の色、粒《つぶ》ぞろい、米の質《しつ》、水分、小石やもみ殻《がら》などが混《ま》じっていないかを調べ、一等米から五等米まで分けます。等級によって一俵《いっぴょう》の値段《ねだん》が違《ちが》います。一五〇キログラムあたりの一～四等の等級間格差《かくさ》は、昭和四二年（一九六七）には六円、四年後には四三・二円になりますか、農家の人はこの差より一等米の名誉《めいよ》のほうが大切でした。

農家に支払《しはら》う供出米《きょうしゅつまい》の代金を「生産者米価《べいか》」といいます。これに対して「消費者米価《べいか》」というのがありました。

国は物価《ぶっか》の変動と米作りに必要な経費《けいひ》を含《ふく》めて審議《しんぎ》して、その年の生産者米価《べいか》をきめました。でもその生産者米価《べいか》から割《わ》り出《だ》した値段《ねだん》で消費者に売ると、高い米になってしまうので、消費者が買う米を一定の値段《ねだん》で安定するようにして、生産者米価《べいか》との間に生まれる格差《かくさ》を国が負担《ふたん》していました。これは国が米をすべて管理していたことからとられたものです。

現在《げんざい》、米は国の管理がなくなり、自由に売買できます。供出《きょうしゅつ》も割《わ》りあてではなく、農家それぞれが供出《きょうしゅつ》できる量を申告して納《おさ》めます。こうしたことから、おいしい米の産地間競争が激《はげ》しくなってきています。また米に代わる食品が増《ふ》えて、米の消費量は少なくなる一方です。

柿《かき》はほぼ一年おきに成り年があって、その年には枝《えだ》いっぱいにたくさんの実をつける。稲刈《いねか》りあとに柿《かき》もぎをするのは、葉が散って写真のように柿《かき》だけが秋空に浮《う》かび、もぎやすくなるからである。せっせともいで、でも最後のひとつは残しておいた。鳥のためだとも、そのひとつが来年もたくさんの実になるともいった。岩手県黒石市。昭和43年（1968）11月　撮影・須藤　功

渋柿《しぶがき》ひとつひとつの皮をむき、つるしさげたばかりの柿《かき》。この柿色《かきいろ》は、何やら寂《さ》びしげな農山村の秋を明るいものにした。しばらくすると柿《かき》は黒ずんで甘味《あまみ》が出て干《ほ》し柿になる。佐賀県背振村。昭和53年（1978）11月　撮影・須藤　功

柿《かき》の実

農家とはかぎらず、町の家屋敷《いえやしき》でもよく柿《かき》の木を見ました。嫁《とつ》ぐ娘《むすめ》にかならず柿《かき》の苗木《なえぎ》を持たせたところもあります。実《み》はもとより、柿《かき》の渋《しぶ》にも木枝《えだ》にも用途《ようと》があったからです。

農家では稲刈《いねか》りの終わるのを待って、柿《かき》もぎをしました（写真右）。柿《かき》もざは、竹ざおの先に入れた切れこみで枝《えだ》をはさみ。折り取ります。柿《かき》の木の枝《えだ》は折れやすく、折ったたほうが次の年に実がよくつくといいました。竹ざおを使わずに、木をゆすって地面に落としたところもあります。

砂糖《さとう》が貴重《きちょう》品だったころはもとより、農山村ではあめや菓子《かし》などがすぐ手にはいるわけではなかったので、柿《かき》はだいじな甘味料《かんみりょう》でした。干《ほ》し柿《がき》（上写真）にするためにむいた皮も、干《ほ》して漬物《つけもの》にいれると、甘味《あまみ》がついておいしい漬物《つけもの》になります。この皮をしょうゆとともに煮《に》ると、かつお節に劣《おと》らぬだしができると古い書物にあります。

柿《かき》には甘柿《あまがき》と渋柿《しぶがき》があります。甘柿《あまがき》は木からもいですぐ食べられますが、渋柿《しぶがき》は渋《しぶ》があって、渋抜《しぶぬ》きをするか干《ほ》し柿《がき》にしないと食べられません。渋抜《しぶぬ》きにはアルコールを使いますが、風呂《ふろ》に入れて抜《ぬ》くこともできます。

干《ほ》し柿《がき》は、皮をむいた柿《かき》を糸かわら縄《なわ》でつるし、日あたりのよい場所に下げます。しばらくすると黒ずんでくるので、そのとき手でもんでやります。干《ほ》し柿《がき》は保存《ほぞん》できるので、冬のおやつになりました。

渋柿《しぶがき》を搾《しぼ》った汁《しる》（柿渋《かきしぶ》）に和紙を浸《ひた》すと丈夫《じょうぶ》になるので、さまざまな工芸品に生かされました。漁網《ぎょもう》もその汁《しる》で染《そ》めると長持ちするといいました。

火葬《かそう》のとき、柿《かき》の木枝《えだ》は最初に火をつけるつけ木に使われました。そのため囲炉裏《いろり》やかまどでは燃《も》やすのを避《さ》けました。

水車とかやぶき屋根の水車小屋。米や麦をつくのに使っていた。皆木《みなぎ》は田が多く、麦飯ではあったがひえを主食にしたことはない。左の蔵《くら》の白壁《しらかべ》に「一富士《ふじ》、二たか、三なすび」が描《えが》いてある。岡山県奈義町皆木。昭和31年（1956）8月　撮影・土井卓治

水車小屋の内部。右がつきうす。地面にすえたうすの上の柱のように見えるのがたてぎね。粉をひく円形の石うすが右に置いてある。たてぎねの内側に見える横木が水車に直結する主軸《しゅじく》で、歯車をまわしたり、はめこんだ板がたてぎねを持ちあげたりする。宮崎県高千穂町。昭和44年（1969）11月　撮影・須藤　功

水車小屋と石うす

水車には水揚用《みずあげ》（一四六頁《ぺーじ》）と、右の写真の上のような米つき用があります。米つき用にはかならず小屋があって、なかは工場のようでした（写真右下）。木製《もくせい》の大きな歯車がかみ合って棒状《ぼうじょう》のきねを持ちあげ、一定の高さで落ちてうすに入れた玄米《げんまい》をつくようになっています。きねはひとつではなく、三つも四つも連なっている小屋もありました。またきねでつくだけではなく、歯車の組合せによってすりうすをまわし、そばや小麦を粉にひくこともできました。

米をつくというのは、玄米《げんまい》にはぬかがついていて、そのまま食べるとおいしくないので、ぬかを取って白米にするものです。ゆっくりまわる水車でつく米は、きねやうすが熱を持たないのでおいしいといいました。

左の写真は石うすで米をひいて粉にしています。米粉で団子《だんご》でも作るのでしょう。石うすは豆をひくときにも使い、農家にはかならずありました。

円形の自家用の石うす。上部のじょうご型になったところに入れた米は、中央にある穴《あな》から上下の溝《みぞ》を刻《きざ》んだ接触《せっしょく》面に落ちる。上のうすをまわすと溝《みぞ》ですられて粉になる。小麦や大豆などもひいて粉にした。新潟県山古志村小松倉。昭和45年（1970）12月　撮影・須藤　功

もみ殻《がら》を焼く白い煙《けむり》とにおいも、農作業の終わりとともに、一年がもうわずかしかないことを知らされた。てぬぐいかぶりのおばあさんは、ミを振《ふる》ってもみ殻《がら》とわらクズを分けている。秋田県横手市上境。昭和33年（1958）11月　撮影・佐藤久太郎

あんきょ作業をするお父さんは、掘《ほ》った溝《みぞ》に入れた丸太を足で踏《ふ》みつけて土に密着《みっちゃく》させている。丸太の間に土がつまらないように、このあと左手でにぎる板を丸太の上に置く。秋田県仙南村石神。昭和34年（1959）11月　撮影・佐藤久太郎

屋外で越冬《えっとう》させる種もみ。屋外に置くことで穀霊《こくれい》、すなわち稲《いね》の魂《たましい》がもみに宿りやすくなって、よい米がたくさんとれるようになる、と祖先《そせん》は考えていたのではないかといわれる。山口県阿東町篠目。昭和43年（1968）4月　撮影・牛尾三千夫

もみ殻《がら》を焼く（写真右上）のは晩秋《ばんしゅう》とはかぎりませんが、木の葉が散るころのもみ殻《がら》焼きは、今年の米作りが終わったのろしのようなものです。焼いたもみは保温折衷苗代《ほおんせっちゅうなわしろ》に使うので、もう来年の準備《じゅんび》をしていることにもなります。左下の白い鶏《にわとり》はもうすぐ家なかの小屋に入れられるので、最後の落穂《おちぼ》拾いをしているようです。

次の年に備《そな》える

次の年の準備《じゅんび》としてはわら仕事もあります。よい米を作ろうと努力している農家では、田の改良も怠《おこた》りません。右下の写真もそのひとつです。初雪の降《ふ》った冷たい田で「あんきょ」作りを夫婦《ふうふ》で行なっています。

暗い溝《みぞ》を意味するあんきょは、地中に設《もう》ける水路です。湿田《しつでん》や水はけのわるい田を掘《ほ》りさげて、丸太や割《わ》り竹（このすぐあとに素焼《すや》きの土管になる）を敷《し》き入れ、地下の水が用水路に流れ出るようにします。

こうすることで乾田《かんでん》となり、米作りの作業がやりやすくなるばかりではなく、収穫《しゅうかく》量もあがり、二毛作ができるようになります。あんきょは江戸《えど》時代から試みられていました。

上の写真は、次の年にまく種もみを屋外の、一メートルほどの台の上に置いてあります。ネズミから種もみを守るのが第一ですが、こうして屋外で越冬《えっとう》させることで、発芽がよくなるといわれました。

種もみは一般《いっぱん》には屋内で保存《ほぞん》（七四頁《ページ》）します。「種もみ囲い」という屋外での種もみ保存《ほぞん》は、琵琶湖《びわこ》の西岸や新潟県《にいがたけん》の蒲原《かんばら》地方にも見られ、蒲原《かんばら》地方では、あわ、ひえ、きびなどの種も一緒《いっしょ》に置きました。

はねつるべ 38, 39
ハネムシロ 115
浜納豆《はまなっとう》 72
ハヤ 27
ハヤトウリ 190
ハラミバシ 102, 130
バリカン 58
針仕事《はりしごと》 32, 50, 59
張《は》り縄《なわ》田植え 150
春蚕《はるこ》 184
半切《はんぎり》おけ 46
飯台《はんだい》 49
ハンノキ 136, 145
晩々秋蚕《ばんばんしゅうさん》 184
ビール麦 162
ひえ 62, 97, 230
ひえ抜き 196, 197
被害調査《ひがいちょうさ》 195
彼岸《ひがん》の入《い》り 116,126
ひしゃく 55, 139
火棚《ひだな》 30, 31
ビニール 42, 131
火吹竹《ひふきだけ》 25, 40
平泉《ひらいずみ》 23
肥料《ひりょう》 12, 44, 53, 55, 72, 79
128, 145, 200
ヒル 154
昼寝《ひるね》 158
プ 15
ふいご 146, 147
風選《ふうせん》 218
福俵《ふくだわら》 98
福茶《ふくちゃ》 94
踏車《ふみぐるま》 171
付子《ふし》 35
五倍子水《ふしみず》 34, 35
豚《ぶた》 80, 97
二股《ふたまた》大根 105
仏壇《ぶつだん》 53
布団《ふとん》 50, 51, 57
フナ 214
ふるい 220
風呂《ふろ》 21, 43, 54, 104
プロパンガス 44
分《ぶん》けつ 91, 172
蛇《へび》 75, 214, 215
ベラベラもち 106
勉強 33, 50, 59
弁慶《べんけい》 27, 274
便所《べんじょ》
　アイヌの便所《べんじょ》 15
　汲《く》み取《と》り式《しき》 55
　小便所《しょうべんじょ》 54
　水洗式《すいせんしき》 55
　外便所《そとべんじょ》 8, 54
　大便所《だいべんじょ》 54
　便所神《べんじょかみ》 52, 53
棒定規《ぼうじょうぎ》 150
豊年祭《ほうねんさい》 103, 178, 179
ホウの葉 157
干《ほ》し柿《かき》 63229
干《ほ》しもち 73
ぼたもち 46, 161
坊《ぼっ》ちゃん刈《が》り 83
ホトトギス 129, 158
ほほかむり 86, 136, 216
ポリエチレン 42
ポロチセ 15
盆《ぼん》 49, 180, 181, 182
盆踊《ぼんおど》り 165
ポンチセ 15
ポンプ 36, 146
ホーク 134

■ま行

曲屋《まがりや》 12
薪《まき》 40, 44, 45
間口《まぐち》 24
馬鍬《まぐわ》 161
松落葉《まつおちば》 162
マッチ 40, 58, 170
間《ま》取《ど》り 21
まぶし 184
マムシ 26
繭《まゆ》 184
繭玉《まゆだま》 98, 99
魔除《まよ》け 52
マンガ 140, 141, 160
マンガライ 160, 161
マント 86, 118, 119
万年床《まんねんどこ》 50, 51
満年齢《まんねんれい》 2
ミ 160, 232
水汲《みずく》み 38, 39
水車《みずぐるま》 171
水温《みずぬく》め 174
みそ 68, 69
みそ玉 69
御田《みた》 103
ミツバチ 200
みの 30, 31, 110, 114, 116
117, 118, 121, 151
未舗装《みほそう》の道 225
迎《むか》え火《び》 180, 181
麦刈《か》り 162
麦畑 162, 209
麦踏《ふ》み 91
麦飯《むぎめし》 163
麦わらぶき屋根 10
麦わら帽子《ぼうし》 218
虫送《むしおく》り 176
むしろ 115
胸《むね》あて前掛《まえか》け 139
室《むろ》 75
メザシ 49
芽《め》出《だ》し 126
モーター 221
もち米 47, 208
もち花 98
もち焼き 29
物置《ものおき》 42
もみ殻《がら》 191, 220
もみ殻《がら》くん炭《たん》 128, 129
232
もみすり機 221
もろみ 68
モンペ 37, 91

■や行

八重山諸島《やえやましょとう》 179
山羊《やぎ》 82, 83
焼畑《やきはた》 209
屋敷林《やしきりん》 20, 230
やすらい祭り 98
柳田國男《やなぎだくにお》 12
山の神 166
ユイ 134, 157
誘蛾灯《ゆうがとう》 174, 175
雪囲い 76
雪型 133
雪靴《ゆきぐつ》 30, 110, 117
雪さらし 116, 117
雪の紋章《もんしょう》 133
養蚕《ようさん》 58, 184, 185
揚水機《ようすいき》 146, 147
用水路 146, 171, 180, 214
用水路の掃除《そうじ》 134, 135,
養蜂家《ようほうか》 200
ヨコザ 31
夜業《よなべ》 32, 51, 162, 163

■ら行

ランプ 31, 32, 33
陸稲《りくとう》 134, 208
立春《りっしゅん》 2, 124, 192
リヤカー 39, 64, 65, 205
224, 225
リンゴ栽培《さいばい》 190, 191
リンゴ箱 190, 191, 222
レンゲ草《そう》 137, 200
練炭《れんたん》 40
ローソク 33
六角枠《ろっかくわく》 150
論田《ろんた》 196

■わ行

若妻《わかづま》 45
綿《わた》 57
渡《わた》り鳥《どり》 213
わらかご 30
わら靴《ぐつ》 30
わら細工《ざいく》 112
わらじ 113, 138, 139
わらぞうり 45, 110, 211
わらづと 72
わらにお 223

■な行

■は行

カユカキボウ 130
刈敷《かりしき》 144, 145
かわや 55
間作《かんさく》 209
かんじき 30
乾田《かんでん》 136
蒲原平野《かんばらへいや》 136
寒風山《かんぷうざん》 167
甘味料《かんみりょう》 229
黄粉《きなこ》 46
キジリ 31
きび 97
きび殻《がら》 76
キャクザ 31
きゃはん 136
供出米《きょうしゅつまい》 108, 211, 224, 226
行商人 64, 211
草取り 172, 173
草屋根 8
口寄せ《くちよ》 165
クバ 114
蔵《くら》 20, 230
栗《くり》の花 214
車田《くるまだ》 208
黒毛馬《くろげうま》 169
黒姫山《くろひめやま》 142
桑《くわ》つみかご 60, 62, 222
桑畑《くわばたけ》 185
軍手《ぐんて》 136
下駄《げた》 41, 83, 210
下駄箱《げたばこ》 41
毛羽《けば》 184
煙出し《けむりだ》 44
ケラ 118
玄米《げんまい》 42, 74, 219, 220, 231
高野豆腐《こうやどうふ》 71
肥《こえ》おけ 55, 138
肥《こえ》つぼ 138
穀霊《こくれい》 233
後家殺し《ごけごろ》 217
小正月《こしょうがつ》 97
こたつ 48, 59
こたつやぐら 65
こっから舞《まい》 166, 167
五徳《ごとく》 29
子どもの遊び 63, 175
180, 212, 213, 214, 215
子どもの手伝い 38, 39, 43
47, 69, 70, 77, 78, 82
83, 87, 137, 141, 147
149, 154, 171, 172, 176
184, 198, 201, 211, 217
五倍子《ごばいし》 35
コバシ 217
コハゼ 59
小麦 162
五棟造り《ごむねづくり》 8
米あげざる 36, 37, 78
米刺し《こめざ》 227
米俵《こめたわら》 99, 110, 111, 221
224, 225, 226
米の検査《けんさ》 226, 227
米の収入 108
コヤ 9
御陵《ごりょう》 169
五連家《ごれんか》 9
コンニャク 28, 61

■さ行

早乙女《さおとめ》 153, 157, 159
サオリ 165
魚売り 64
魚捕《と》り 214
相模大山《さがみおおやま》 91
佐々木喜善《ささききぜん》 12
座卓《ざたく》 50
五月晴れ 169
サツマイモ 97
雑穀《ざっこく》 97, 231,
雑節《ざっせつ》 192
サナブリ 165
サヤインゲン 190
三角田 143
蚕座《さんざ》 184
三線《さんしん》 179
散髪《さんぱつ》 58
三本ぐわ 127, 136, 138
139
三毛作 187
じかまき 208
自給自足《じきゅうじそく》 58, 66
自在《じざい》かぎ 26, 28, 32, 100
自然暦《ごよみ》 133
七輪《しちりん》 32, 40, 41
湿田《しつでん》 136, 172
湿田《しつでん》の草取り 172
自転車 84, 210
じねんじょ 30
芝木《しばき》 103
しびふんづけ 144
渋柿《しぶがき》 229
凍豆腐《しみどうふ》 71
注連縄《しめなわ》 53
下肥《しもごえ》 55, 128, 139
背負子《しょいこ》 138, 139
正月様 94
正月始め 93
障子《しょうじ》 50, 59, 62
消毒 174
消費者米価《しょうひしゃべいか》 227
しょうゆ 68
しょうゆ搾《しぼ》り機《き》 68
食事 31, 48, 49, 92, 95, 99
食糧不足 209
初秋蚕《しょしゅうさん》 184
除草機《じょそうき》 172
白葉枯病《しらはがれびょう》 194
汁しゃもじ 48
代《しろ》かき 106, 140, 141, 163
浸種《しんしゅ》 126
新仏供養《しんぼとけくよう》 182, 183
水泳 180
水車 146, 230, 231
水車小屋 230
水棲昆虫《すいせいこんちゅう》 214
水稲《すいとう》 134, 208
スカーフ 65
すき 137, 138, 139
スキー帽《ぼう》 118
杉《すぎ》皮ぶき屋根 44
スゲ 17, 114
すげがさ 136, 140, 148
153, 159
筋引《すじひ》き 150
すす 29
ススオトコ 93
ススキ 17
すす掃《は》き 92, 93
ススハキボウ 103
スズメ追い 198, 199
スネッコデダチ 148, 159
すりうす 219
するす 219
生産者米価《せいさんしゃべいか》 227
セイヤ 42
背負《せお》い運ぶ 224
赤飯《せきはん》 104, 160
石鹸《せっけん》 56
背中あて 110, 116
ぜん 48, 105, 116
浅間大神《せんげんだいかみ》 101
線香水《せんこう》 170
洗濯《せんたく》 56
洗濯板《せんたくいた》 56
洗濯機《せんたくき》 56
せんていばさみ 113
千歯《せんば》こき 216, 217
千枚田《せんまいだ》 143
祖先神《そせんしん》 94
祖先供養《そせんくよう》 165
袖《そで》なし 158
そば 97, 231,
そり 122, 123
そろばん 93

■た行

田遊び 103, 106
太陰太陽暦《たいいんたいようれき》 2, 124, 192
太鼓《たいこ》 106
大黒《だいこく》 53, 98, 161
大根 39, 63, 67
大豆《だいず》 11, 60, 68, 70, 72, 209
大徳寺納豆《だいとくじなっとう》 72
台所 8, 21, 37, 40, 45
堆肥《たいひ》 39, 55, 122, 123
台風 192, 195

索　　引

（写真に写っているものも含む）

■あ行

アーボヒーボ　97
アイヌの家　14, 15
アエノコト　104
赤毛馬《あかげうま》　169
秋田《あきた》おばこ　189
灰汁《あく》抜《ぬ》き　44
あけの方角《ほうがく》　103
朝市《あさいち》　118, 119
足踏脱穀機《あしぶみだっこくき》　217, 218
小豆《あずき》　60, 61,
小豆《あずき》あん　46
小豆飯《あずきめし》　102
小豆《あずき》もち　157
あぜ　46
あぜ塗《ぬ》り　127
遊び　106
後作《あとさく》　209
油紙《あぶらがみ》　130
甘柿《あまがき》　229
網《あみ》かんじき　144, 145
洗《あら》い粉《こな》　44
アラレ　157
あわ　97
あわら田　172
あんきょ　232,233
アンゴラウサギ　79
石うす　70, 114, 230, 231
石置屋根《いしおきやね》　44, 64
石垣島《いしがきじま》　178
イタコ　165
板舞台《いたぶたい》　178
一番草・二番草・三番草
172
一番耕・二番耕　136
一番鶏《いちばんどり》　138
一等米《いっとうまい》　227
一俵《いっぴょう》　110
井戸《いど》　36, 38
イナゴ　200, 201
いなにお　23, 177, 204
205, 206, 210
犬　79, 84
犬の毛皮《けがわ》　111
稲刈《いねか》り　202, 203
稲《いね》の花　192
稲《いな》わら製品《せいひん》　110
いぶりがっこ　66
居間《いよ》　21
イモリ　212, 213
入会地《いりあいち》　17, 44
炒《い》り豆　156, 157
囲炉裏《いろり》　21, 25, 26, 27, 28
29, 31, 30, 32, 34, 92
100, 101
インキョ　9
打植祭《うちうえまつ》り　103
牛　81, 84, 86, 87, 141, 205
団扇《うちわ》　40, 50
ウツギ　129
腕貫《うでぬき》　159
うどん　49
馬　17, 65 , 77, 88, 89, 140
馬の面《つら》　121
ウマヤ　9
馬屋《うまや》　21, 39, 88
裏作《うらさく》　209
ウラボン　49
うるち米　47, 208
ウンカ　174
えさば屋　64
エズメ　85
枝打《えだう》ちなた　113
恵比寿《えびす》　53, 98, 161
えぶり押し　140, 145
絵馬《えま》　169
縁側《えんがわ》　21, 60, 61, 62, 63, 71
157
塩水選《えんすいせん》　126
縁日《えんにち》　118
大足《おおあし》　106, 144
大釜《おおがま》　68
大麦　162
おかっぱ　83
男鹿《おが》半島　167
おかぼ　134, 208
荻野豊次《おぎのとよじ》　131
奥　21
送《おく》り火《び》　180
おしめ　38, 57
恐山《おそれざん》　164, 165
オニウチギ　94
おはぎ　47
お歯黒《はぐろ》　34, 35
おばこコンテスト　188
189
おひつ　36, 47
オモテ　9
母屋《おもや》　20, 25
温床《おんしょう》　12
温泉小屋《おんせんごや》　164

■か行

貝殻《かいがら》　52
回忌《かいき》　53
蚕棚《かいこだな》　184
害虫　174
回転まぶし　185
カエル　214, 215
カカザ　31
かかし　127, 222
かかしあげ　222,223
柿　228, 229
柿渋《かきしぶ》　229
学生服　77
学童服　140, 141, 212
風切りかま　193
風祭り　192, 193
数《かぞ》え年《どし》　2
カタユキ　122, 123
家畜《かちく》の役割《やくわり》　79
カッコウ　129
門松《かどまつ》　94
かね　35
かねおや　35
金ざる　37
河畔林《かはん》　23
カブトムシ　175
カボチャ　75
かます　61, 67, 71, 222
かまど　21, 30, 40, 45
かまど神　46
かみしも　105, 106
神棚《かみだな》　53, 161
神となる祖先《そせん》　53
かや　17
かや刈場《かりば》　17
かやむじん　16, 17, 18
かや屋根の家
　赤城型《あかぎがた》　10, 11
　大きなかや屋根　24
　かたぶき　18
　かぶと造《づく》り　10, 11
　かや押《お》さえ　7
　かや手　18
　かやぶき妻入《つまいり》り造《づく》り　44
　かやぶき寄棟造《よせむねづく》り　109
　コテ　7
　集落（大森町八沢木）
76
　集落（衣川村《ころもがわ》）　23, 22
　集落（鳥海町上笹子《ちょうかいまちかみじねご》）
196
　集落（山内村）　13
　集落（六日町山口）108
109
　集落（両神村薄《りょうがみむらすすき》）　10
　田麦俣《たむぎまた》の農家　10, 11
　ふき替《か》え　18, 19
　まるぶき　18, 19
　棟木《むなぎ》　11
かゆ占《うらな》い　10
養蚕《ようさん》と屋根　100

写真撮影者・提供者一覧

撮影者（*故人）		お問い合わせ先
出浦欣一	368-0201	埼玉県秩父郡小鹿野町両神薄 3045
大野源二郎	014-0023	秋田県大曲市黒瀬町 4－3
小野重朗*	890-0024	鹿児島県鹿児島市明和一丁目 9－11　丸野純愛
小見重義	942-1341	新潟県十日町市松之山黒倉872
加賀谷政雄*	012-0813	秋田県湯沢市柳町 2－2－35　加賀谷政美
加賀谷良助	013-0032	秋田県横手市清川町 12－9
菊池俊吉*	178-0063	東京都練馬区東大泉6丁目 31－2　菊池徳子
熊谷元一	395-0304	長野県下伊那郡阿智村智里　昼神温泉郷　熊谷元一写真童画館
斎藤義信	959-1701	新潟県中蒲原郡村松町石曽根 12
佐藤久太郎*	013-0028	秋田県横手市朝倉町 1－42　佐藤ミヤ
白石　巌*	862-0956	熊本県熊本市水前寺公園 6　熊本県庁　文化企画課
須藤　功	257-0015	神奈川県秦野市平沢 1161－1　二番館417
棚池信行*	920-0901	石川県金沢市彦三町 2－11－16　棚池淑子
田村淳一郎	028-4301	岩手県岩手郡岩手町 6－101－12
武藤　盈	399-0101	長野県諏訪郡富士見町境 6481
都丸十九一*	377-0064	群馬県勢多郡北橘村八崎 726　都丸　正
富山　昭	420-0934	静岡県静岡市岳美 3－10s
中俣正義*	951-8151	新潟県新潟市浜浦町 1－76－2　中俣トシヨ
錦　三郎*	999-2232	山形県南陽市三間通 1302－4　錦　啓
御園直太郎	920-0864	石川県金沢市高岡町 20－15
南　利夫	016-0844	秋田県能代市花園町 24－11
米山孝志	946-0023	新潟県魚沼市干溝 2166
和井田登*	039-1166	青森県八戸市根城字東構 35－1　八戸市博物館

著者略歴

須藤　功（すとう・いさを）

昭和13年（1938）秋田県横手市生まれ。

民俗学写真家

民俗学者・宮本常一に師事し、庶民の生活を写真で記録するとともに、その生活史研究のために全国を3000日近く歩く。

日本地名研究所より第8回（平成元年）「風土研究賞」を受ける。

著書

『西浦のまつり』『山の標的－猪と山人の生活誌－』（未来社）『大絵馬集成－日本生活民俗誌－』（法蔵館）『葬式－あの世への民俗－』（青弓社）『花祭りのむら』（福音館書店）『道具としてのからだ』『祖父の時代の子育て』（草の根出版会）など。

共著

『アイヌ民家の復元　チセ・ア・カラ』（未来社）『日本民俗宗教図典』3巻（法蔵館）『上州のまつりとくらし』（煥乎堂）『昭和の子どもたち』（学習研究社）『写真で綴る昭和30年代　農山村の暮らし』（農山漁村文化協会）など。

編著

『写真でみる　日本生活図引』9巻（弘文堂）『図集　幕末・明治の生活風景』（東方総合研究所）など。

写真ものがたり　昭和の暮らし　1　農村

2004年3月10日第1刷発行
2017年5月20日第5刷発行

著者　須藤　功

発行所　一般社団法人　農山漁村文化協会
郵便番号　107-8668　東京都港区赤坂7丁目6番1号
電話　03(3585)1141(営業)　03(3585)1147(編集)
FAX　03(3589)1387　振替　00120-3-144478
URL　http://www.ruralnet.or.jp/

ISBN978-4-540-03229-5
〈検印廃止〉

Printed in Japan
乱丁・落丁本は
お取り替えいたします。

印刷・製本／(株)東京印書館

定価はカバーに表示

人間選書180
むらの生活誌
守田志郎著　内山節解説　B6判　200頁　1552円＋税

むら（農山村）での労働、食生活、健康、水、山と里、家と村の関係、伝承と教育等、様々な農家探訪記を通じて、自然、家、地域が循環・継承されていく意味を掘り下げ、近代工業社会の終焉をあぶりだす。

人間選書160
語り継ぐふるさとの民話―24人の語り手たち―
日本民話の会編　B6判　296頁　1857円＋税

鶴女房、笠地蔵、瓜姫、小僧と鬼婆（3枚のお札）……。有名な昔話も元をたどれば各地の炉端の語りから生まれた。全国の語りの名手24人を訪ね、その素顔と代表的な語りを再現する異色のアンソロジー。

人間選書117
農村生活カタログ―孫に伝える私の少年時代―
伊藤昌治著　B6判　248頁　1333円＋税

明治～大正期の衣・食・住から学校生活、年中行事などを、約230の道具や事物から浮き彫りにする。少年の眼を通してみた当時のくらしぶりを生き生きと再現した貴重な覚え書き集。

人間選書10
名瀬だより
島尾敏雄著　B6判　196頁　1214円＋税

本州中心の日本文化史観から訣別し、「琉球弧」から日本文化を見る「ヤポネシア」という視点を構想し波紋を投じた名著。奄美の風土と暮らしを描いた珠玉のエッセー。

人間選書235
越後三面山人記―マタギの自然観に習う―
田口洋美著　B6判　326頁　1857円＋税

ダムに沈む前の三面マタギ集落に移り住み、山に生かされた山人の心象と技と四季の生活を克明に聞き書きし、生き生きと描く。「山の力（野生）」と「人の力（人為）」とが対峙し重層的に織りなす山の空間構造を俯瞰。

人間選書124
昭和林業私史―わが棲みあとを訪ねて―
宇江敏勝著　B6判　252頁　1314円＋税

大正前後から昭和50年まで、炭焼・森林労働者として紀の国を転々とした著者が、その棲みあとを再訪した木の国紀行。行間から昭和林業の盛衰、世相の推移、野生動物や自然との交歓があぶり絵のように浮かび上がる。

人間選書214
旅芸人のフォークロア―門付芸「春駒」に日本文化の体系を読みとる―
川元祥一著　B6判　240頁　1714円＋税

門付芸「春駒」の起源・旅芸人の素性を追跡するドキュメンタリー。そこから日本人の神観念＝アニミズム、芸能における言寿の心性や漂泊民の文化の全貌が明らかになる。差別問題と日本文化論が総合された出色の民俗誌。

人間選書125
対馬の四季―離島の風土と暮らし―
月川雅夫著　B6判　232頁　1300円＋税

山―畑―海の大循環する風土の中で、豊かに暮らす対馬の人々の四季の営みを、生き生きと描いた民俗誌。

幼年記　かがやく大気のなかで
笹山久三著　四六判　238頁　1286円＋税

高度経済成長以前の山村の家族のありようを、幼いものの眼を通して描いた児童書。病弱な父、父親がわりに働く母、母親がわりに家事をつとめる姉、遊び仲間の兄と弟妹。その情愛のなかで幼い魂が育まれていく。

人間選書240
復刻　昭和二十年八月　食生活指針―敗戦を生き抜いた知恵―
静岡県著　豊川宏之他解題　B6判　240頁　1524円＋税

敗戦の年、静岡県が配布した食料難時代のサバイバル集。身近な多数の未利用動植物を食材として活用する知恵に溢れ、環境教育に最適。豊川裕之・田村真八郎・福場博保・松下幸子氏ら医食の専門家4人の解説を付す。

写真集
春を呼ぶ村―越後松山・風土と暮らし―
橋本紘二著　AB判　160頁　2300円＋税

厳しい環境のなかで懸命に生きる松之山の人々は、春を待つのでなく春を呼ぶ。そこに込められた農とむらへの熱い思いを、100枚の写真で感動的に描く。都会では忘れ去られた大切なものがそこにある。

人間選書133
霞ヶ浦の風土と食
森田美比著　B6判　192頁　1300円＋税

茨城県霞ヶ浦とその周辺の風土と農漁業、食文化の民俗知を丹念に調査し、水と人間、土と人間の関係を軸に生き生きと描く。

人間選書231
水辺遊びの生態学―琵琶湖地域の三世代の語りから―
嘉田由紀子・遊磨正秀著　B6判　220頁　1714円＋税

いまや水辺で遊ぶ子どもは絶滅寸前に！　かつて子どもたちを惹きつけた魚つかみ文化を鮮やかに再現。三世代の聞き取りからその衰退を浮き彫りにし、遊びの生態文化の立場から水辺の環境保護、自然教育に提言する。

百の知恵双書001
棚田の謎―千枚田はどうしてできたのか―
田村善次郎・TEM研究所著　発行OM出版　発売農文協　B5判変形　176頁　2667円＋税

山間の谷間や海岸の傾斜地に階段状に造られた棚田。山間と海辺の千枚田を詳細にフィールドワークし、そこに生きた人々の暮らしをビジュアルに描く。

（価格は改定になる場合もございます。）